高等教育高职高专系列教材

食品包装技术

文 周 主编

张峻岭 龚修端 副主编

唐 玉 汪欣洲 钟 祯 李 伟 魏 华 参编

李小东 主审

中国轻工业出版社

图书在版编目（CIP）数据

食品包装技术/文周主编. —北京：中国轻工业出
版社，2024.5
高等教育高职高专"十三五"规划教材
ISBN 978-7-5184-1488-8

Ⅰ.①食…　Ⅱ.①文…　Ⅲ.①食品包装-包装技术-
高等职业教育-教材　Ⅳ.①TS206

中国版本图书馆 CIP 数据核字（2017）第 158715 号

责任编辑：杜宇芳

策划编辑：杜宇芳　　　责任终审：劳国强　　封面设计：锋尚设计
版式设计：锋尚设计　　责任校对：吴大朋　　责任监印：张　可

出版发行：中国轻工业出版社（北京鲁谷东街 5 号，邮编：100040）
印　　　刷：三河市万龙印装有限公司
经　　　销：各地新华书店
版　　　次：2024 年 5 月第 1 版第 9 次印刷
开　　　本：787×1092　1/16　印张：10
字　　　数：250 千字
书　　　号：ISBN 978-7-5184-1488-8　定价：38.00 元
邮购电话：010-85119873
发行电话：010-85119832　010-85119912
网　　　址：http://www.chlip.com.cn
Email：club@chlip.com.cn

总　序

　　依据生产服务的真实流程设计教学空间和课程模块，通过真实案例和项目激发学习者在学习、探究和职业上的兴趣，最终促进教学流程和教学方法的改革，这种体现真实性的教学活动，已经成为现代职业教育专业课程体系改革的重点任务，也是高职教育适应经济社会发展、产业升级和技术进步的需要，更是现代职业教育体系自我完善的必然要求。

　　近年来，东莞职业技术学院深入贯彻国家和省市系列职业教育会议精神，持续推进教育教学改革，创新实践"政校行企协同，学产服用一体"人才培养模式，构建了"学产服用一体"的育人机制，将人才培养置于"政校行企"协同育人的开放系统中，贯穿于教学、生产、服务与应用四位一体的全过程，实现了政府、学校、行业、企业共同参与卓越技术技能人才培养，取得了较为显著的成效，尤其是在课程模式改革方面，形成了具有学校特色的课程改革模式，为学校人才培养模式改革提供了坚实的支撑。

　　学校的课程模式体现了两个特点：一是教学内容与生产、服务、应用的内容对接，即教学课程通过职业岗位的真实任务来实现，如生产任务、服务任务、应用任务等；二是教学过程与生产、服务、应用过程对接，即学生在真实或仿真的"产服用"典型任务中，也完成了教学任务，实现教学、生产、服务、应用的一体化。

　　本次出版的系列重点专业建设教材是"政校行企协同，学产服用一体"人才培养模式改革的一项重要成果，它打破了传统教材按学科知识体系编排的体例，根据职业岗位能力需求以模块化、项目化的结构来重新架构整个教材体系，较于传统教材主要有三个方面的创新：

　　一是彰显高职教育特色，具有创新性。教材以社会生活及职业活动过程为导向，以项目、任务为驱动，按项目或模块体例编排。每个项目或模块根据能力、素质训练和知识认知目标的需要，设计具有实操性和情境性的任务，体现了现代职业教育理念和先进的教学观。教材在理念上和体例上均有创新，对教师的"教"和学员的"学"，具有清晰的导向作用。

　　二是兼顾教材内容的稳定与更新，具有实践性。教材内容既注重传授成熟稳定的、在实践中广泛应用的技术和国家标准，也介绍新知识、新技术、新方法、新设备，并强化教学内容与职业资格考试内容的对接，使学生的知识储备能够适应社会生活和技术进步的需要。教材体现了理论与实践相结合，训练项目、训练素材及案例丰富，实践内容充足，尤其是实习实训教材具有很强的直观性和可操作性，对生产实践具有指导作用。

三是编著团队"双师"结合，具有针对性。教材编写团队均由校内专任教师与校外行业专家、企业能工巧匠组成，在知识、经验、能力和视野等方面可以起到互补促进作用，能较为精准地把握专业发展前沿、行业发展动向及教材内容取舍，具有较强的实用性和针对性，从而对教材编写的质量具有较稳定的保障。

东莞职业技术学院重点专业建设教材编委会

前　言

食品包装技术（food packaging technology）是食品商品的组成部分，食品工业过程中的主要工程之一。据预测，2016年到2021年期间，食品包装增速将超过整个包装市场，虽然发展前景广阔，但是随着安全油墨的大规模使用、食品消费市场的变化，食品包装企业将面临新的挑战。目前，食品包装行业的特殊要求与复合型技术人才缺失的矛盾越加凸显。因此，通过依托行业和企业培养面向生产、管理第一线需要的"下得去、留得住、用得上"的高素质复合型人才迫在眉睫。但目前市面上食品包装技术方面的书籍较少，而相关应用在包装专业高职高专教材完全是空白，因此从行业的实际发展和岗位要求出发，编写理论与实践相结合的、满足市场需求与高职教学需要的食品包装技术类教材显得尤为重要。

在全国轻工教学指导委员会的统一规划及中国轻工业出版社大力协助下，我们组织编写了这本符合高等职业教育特点的《食品包装技术》。在编写本教材时，编者深入企业生产一线，了解与专业相关的岗位职业技能要求，收集整理大量企业一线的生产资料。编写教材思路与结构同企业生产流程与岗位相吻合，打破原有的学科型的课程教学体系，将包装材料、工艺、设备、实操等融合在一起，纳入企业的生产工艺、生产流程、岗位能力等内容。力求学生在学习与使用本教材时，能够零距离面对企业生产实践，得到真实的职业技能锻炼。同时，本教材对指导企业生产人员实际工作与岗位培训也是十分有用的参考书籍。

本教材按照包装策划与设计、食品包装技术等专业的人才培养目标与要求，基于食品包装的实际工作过程，将全教材内容分为五个项目。项目一介绍了食品包装的容器种类及常见的食品包装材料；项目二介绍了固体食品的充填原理工艺、适用范围等；项目三介绍了液体食品的灌装原理、特点，灌装工艺和适用范围等；项目四以药品包装为载体，介绍了泡罩包装的工艺流程以及生产设备；项目五介绍了食品保鲜的原理以及气调、气控包装的原理及应用。这样的教材既符合高职学生的认知规律，又充分体现了职业性和实践性。

本教材由东莞职业技术学院文周主编，徐福记食品有限公司黄华飞、中山火炬职业技术学院高艳飞、广州科技职业技术学院陈华和东莞职业技术学院龚修端、唐玉、汪顾洲、钟祯、魏华编写，由东莞职业技术学院李小东审定，全书由文周、张峻岭统稿。

本教材编写过程中得到了多方大力支持和帮助，徐福记食品有限公司黄华飞提供了一些案例与资料；中国轻工业出版社杜宇芳编辑认真履行职责并提出很多建设性的意见，在此一并表示感谢。同时感谢东莞徐福记食品有限公司提供实习机会，为编写人员深入一线调研食品包装行业相关职业技能和岗位需求创造了条件。由于时间仓促，未能对编写过程中所参考的文献资料的出处一一列出，恳求本教材所涉及的单位和个人谅解，并深表感谢。

本教材的每位编者都倾注了大量的心血，但由于编写水平有限，教材中难免有疏漏，敬请广大读者批评指正。

编者

2017 年 4 月

目 录

项目一　认识食品包装技术

项目二　固体包装

项目三　　液体包装

项目四　　药品包装

项目五　　肉制品及水果保鲜

 项目一　认识食品包装技术

任务一　认识食品包装材料 🔍

能力（技能）目标	知识目标
1. 了解各种包装容器的结构、优缺点及应用。	1. 掌握纸类包装材料、塑料薄膜、玻璃包装材料的特性及其性能指标。
2. 了解其他纸类包装容器的种类、性能及食品包装应用。	2. 掌握常用的食品包装种类及特点。
3. 了解常用塑料包装容器的种类及其选用方法。	3. 掌握包装材料的质量检测指标及方法。
4. 了解陶瓷包装的性能特点。	4. 掌握塑料的基本概念、组成及主要包装性能和卫生安全性。

第一节　纸

纸是以纤维素纤维为原料所制成材料的通称，是一种古老而又传统的包装材料。自从公元 105 年中国发明了造纸术以后，纸不仅带来了文化的普及繁荣，而且推动了科学技术的发展。

在现代包装工业体系中，纸和纸包装容器占据着非常重要的地位。某些发达国家纸包装材料占包装材料总量的 40%～50%，我国占 40% 左右，这主要是因为纸类的应用性能极广，人们可以根据其不同的包装性能广泛应用于食品、轻工、化工、医疗等各个领域，提供销售包装和运输包装。从发展趋势来看，纸类包装材料的用量会越来越大。纸类包装材料之所以在包装领域中独占鳌头，是因为其具有如下独特的优点：

① 加工原料来源广泛、品种众多、成本低廉、易形成大批量生产。

② 纸的适应性广、成型性好、制作灵活，且印刷性能优良。

③ 具有一定的挺度和良好的机械适应性，重量较轻、缓冲性好。

④ 卫生安全性好。

⑤ 包装废弃废弃物处理灵活，可回收利用，有利于保护环境。

一、纸类包装材料的性能

对于应用于食品包装的纸类包装材料，其性能主要体现在以下几个方面：

（1）力学性能　纸和纸板具有一定的强度和挺度，机械适应性较好。它的强度大小主要决定于一定的温湿度及纸的厚度、质量、加工工艺以及表面状况等。另外纸还具有折叠性和弹性、撕裂性，适合于制作成型包装容器或用于裹包，适应性强。

（2）阻隔性能　纸和纸板均属于多孔性纤维质材料，具有一定程度的气体、光线、水分、水蒸气及油脂的渗透性，这些性能对于某些包装，诸如水果、袋泡茶包装等是优点，且价格低廉；而对于阻隔性要求高的包装又是缺点，但它可通过适当的表面加工来改善其阻隔性能。

（3）温湿度性能　环境温湿度对于纸和纸板的强度有很大的影响，空气温湿度的变化会引起纸和纸板平衡水分的变化，最终使其性能发生不同程度的变化。图1-1所示为纸的机械性能随相对湿度变化的规律，由于纸张纤维具有较大的吸水性，当湿度增大时，纸的抗拉强度和撕裂强度会下降而影响纸和纸板的使用性。

纸和纸板受温、湿度的影响比较明显，温、湿度的变化导致纸的水分变化而最终影响纸的强度等性能。因此，在测定纸或纸板的强度等性能指标时必须保持一个相对温湿度条件。我国采用的是相对湿度（65±2）%、温度（20±2）℃的试验条件；ISO标准采用相对湿度（50±2）%、温度（23±1）℃的试验条件；热带地区采用相对湿度（65±2）%、温度（27±1）℃的试验条件。

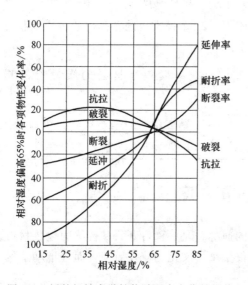

图 1-1　纸的机械力学性能随湿度变化的规律

（4）印刷性能　纸的印刷性能很好，其吸收和粘结油墨与涂料的能力较强，因此包装上常用其作印刷表面。纸和纸板的印刷性能主要取决于表面平滑度、施胶度、弹性及粘结力等。

（5）卫生安全性能　在纸的加工过程中，尤其是化学法制浆，通常会残留一定的化学物质（如硫酸盐法制浆过程残留的碱液及盐类），因此，必须根据包装内容物来正确合理选择纸和纸板。

（6）加工使用性能　纸和纸板具有优良的加工使用性能，表现为容易实现机械化加工操作、容易加工成具有各种性能的包装容器制品，且可折叠处理，容易撕裂开口，容易设计成各种平面和曲面包装结构，灵活性大。在决定生产率的关键粘合环节，它可方便地采用粘合剂粘合。纸和纸板可以方便地在表面进行浸渍、涂布、复合等加工处理，以提供必要的防潮性、防锈性、防虫性、热封性、强度物理性及电气性能。

二、纸类包装材料的质量指标

由于纸和纸板用途不同，其质量指标也不同。包装用纸和纸板的质量指标要求包括外观、物理性质、机械性质、光学性能、化学性质等。

1. 外观质量

外观质量是指尘埃、透明点、半透明点、皱折、孔洞、针眼、裂口、卷边、色泽不一等肉眼可以观察到的缺陷。各种纸和纸板都有一定的外观要求，对于不同的纸和纸板，其要求不同。影响外观质量的主要是纸料的洁净程度及制造过程中的质量控制，外观质量的好坏影响其使用性能及物理性能。

常见的外观纸病有以下几种：

（1）尘埃　是指用肉眼可见的与纸张表面颜色有显著差别的细小脏点。

（2）透光点和透帘　将纸张迎光照看，纤维层较纸页其他部分薄，而又没有穿破的地方，小的称透光点，大的称透帘。

（3）孔眼和破洞　指纸张上完全穿通的窟窿，小的称孔眼，大的称破洞。孔眼多的纸影响防潮性，不适宜用于包装。

（4）折子　纸张本身折叠产生的条痕，能伸展开的（仍有折痕）称活折子，不能伸展开的称死折子。

（5）皱纹　纸面出现凹凸不平的曲皱，破坏纸张的平滑匀称，妨碍印刷。

此外还有斑点、裂口、硬质块、有无光泽等。根据等级不同分别规定不允许存在或加以限制。

2. 物理性能质量

物理性能是纸和纸板的内在质量，这些指标的检测都是用专业的实验仪器测定的。

（1）定量　每平方米纸的质量，单位为 g/m^2。

（2）厚度　纸样在测量板间经受一定压力所测得的纸样两面之间的垂直距离，其结果以 mm 表示。

（3）紧度　每立方厘米的纸或纸板的重量。紧度与纸张的透气度、吸水性、坚实性、挺度和强度等有关。

（4）成纸方向　纵向，与造纸机运行方向平行的方向；横向，与造纸机运行方向垂直的方向。纸和纸板的许多性能都有显著的方向性，如抗拉强度和耐折度纵向大于横向，撕裂度则横向大于纵向。

（5）纸面　正面，指抄纸时与毛毯接触的一面，也称毯面；反面，指抄纸时贴向抄纸网的一面，也称网面。纸张的反面有网纹而比较粗糙、疏松，正面则比较平滑、紧密。

（6）水分　单位重量试样在 $100 \sim 105 ℃$ 烘干至重量不变时，所减少的重量与试样原重量的百分比，以百分率（%）表示。

（7）平滑度　在规定的真空度下，使定量容积的空气透过纸样与玻璃面之间的缝隙所用的时间，单位为 s。

（8）施胶度　用标准墨画线后不发生扩散和渗透的线条的最大宽度，单位为 mm。

(9) 吸水性　单位面积试样在规定的温度条件下，浸水 60s 后吸收的实际水分，单位为 g/(m² · h)。

3. 机械性质质量

(1) 耐折度　在一定张力下将纸或纸板往返折叠，直至折缝断裂为止的双折次数，分为纵向和横向两项，单位为折叠次数。

(2) 耐破度　纸在单位面积上所能承受的均匀增大的垂直最大压力，单位为 N/m²。

(3) 撕裂度　以将边缘有切口的纸，继续撕裂度到一定长度所需的力来表示，单位为 m/N，它是包装纸、箱板纸的重要质量指标。

(4) 抗拉强度　纸或纸板抵抗平行施加的拉力的能力，即拉断之前所承受的最大拉力。有三种表示方法，即抗张力 N、断裂长 m 以及单位横截面的抗张力 N/cm²。

(5) 伸长率　纸或纸板受到拉力直到拉断，增加的长度与原试样长度之比。

(6) 戳穿强度　在流通过程中，突然收到外部冲击时所能承受的冲击力的强度，单位用冲击能 J 表示。

(7) 环压强度　在一定加速度下，使环形试样平均受压，压溃时所能承受的最大力，单位为 N/m。

(8) 边压强度　在一定加压速度下，使环形试样的瓦楞垂直于压板，平均受压时所能承受的最大力，单位为 N/m。

(9) 挺度　纸和纸板抵抗弯曲的强度性能，也表明其柔软或硬挺的程度。

4. 光学性能质量

(1) 透明度　指可见光透过纸的程度，以能清楚地看到底样字迹或线条的试样层数来表示。

(2) 白度　指白色纸或接近白色的纸表面对蓝光的反射率，以标准白度计对照测量，单位:%。

5. 化学性质质量

(1) 灰分　纸灼烧后残渣的重量与绝对试样重量之比，以百分率（%）表示。

(2) 酸碱度　纸在制造过程时，使用的方法不同，使纸呈酸性或碱性。酸碱性大都能使纸的质量显著降低，必须严格控制。对于直接接触食品的包装用纸，还要考虑是否对食品有影响。

三、包装用纸和纸板

1. 包装用纸和纸板的分类、规格

(1) 纸和纸板的分类　纸类产品分纸与纸板两大类，凡定量在 225g/m² 以下或厚度小于 0.1mm 的称为纸，定量在 225g/m² 以上或厚度大于 0.1mm 的称为纸板。但这一划分标准不是很严格，如有些折叠盒纸板、瓦楞原纸的定量虽小于 225g/m² 的纸，如白卡纸、绘图纸等通常也称为纸板。根据用途，纸可分为文化用纸、工农业技术用纸、包装用纸、生活用纸等几种；纸板也分为包装用纸板、工业技术用纸板、建筑用纸板及印刷与装饰用纸板等几种。在包装方面，纸主要用于包装商品、制作纸袋、印刷装潢商标等，纸板则主要用于生产纸箱、纸盒、纸筒等包装容器。常用包装用纸及纸板见表 1-1。

表 1-1	常用包装用纸及纸板
分类	举例
包装用纸	普通商业包装纸、牛皮纸、鸡皮纸、纸袋纸、油封纸、糖果包装纸、茶叶滤袋纸、玻璃纸、防潮包装纸、仿羊皮纸、复合纸等
包装用纸板	牛皮箱纸板、箱纸板、黄纸板、白纸板、瓦楞原纸、复合纸板等

（2）纸和纸板的规格　纸和纸板可分为平板和卷筒两种规格，其规格尺寸要求：平板纸要求长和宽，卷筒纸和盘纸只要求宽度。规定纸和纸板的规格尺寸，对于实现纸箱、纸盒及纸桶等纸制包装容器规格尺寸的标准化和系列化，具有十分重要的意义。

纸和纸板的规格尺寸，是根据用途方面的要求而确定的，尺寸单位为 mm。国产卷筒纸的宽度尺寸主要有 1940mm、1600mm、1220mm、1120mm、940mm 等规格；进口的牛皮纸、瓦楞原纸等的卷筒纸，其宽度多为 1575mm、1295mm 等数种；平板纸和纸板的规格尺寸主要有：787mm×1092mm、880mm×1092mm、850mm×1168mm 等。

2. 包装用纸

包装用纸品种很多，食品包装必须选择适宜的包装用纸材料，使其能达到保护包装食品质量完好的要求。

（1）牛皮纸　牛皮纸是用硫酸盐木浆抄制的高级包装用纸，如图 1-2 所示，具有高施胶度，因其坚韧结实似牛皮而得名，定量一般在 30～100g/m²，分 A、B 和 C 三个等级，可经纸机压光或不压光。

根据纸的外观，有单面光、双面光和条纹等品种，还有漂白与未漂白之分。牛皮纸多为本色纸，色泽为黄褐色，机械强度高，有良好的耐破度和纵向撕裂度，并富有弹性、抗水性，防潮性和印刷性良好。广泛用于食品的销售包装和运输包装，如包装点心、粉末等食品，多采用强度不太大、表面涂树脂等材料的牛皮纸。

图 1-2　牛皮纸

（2）羊皮纸　羊皮纸又称植物羊皮纸或硫酸纸，外观与牛皮纸相似。它是用未施胶的高质量化学浆纸，在 15～17℃浸入到 72％硫酸中处理，待表面纤维胶化，即羊皮化后，经洗涤并用 0.1％～0.4％碳酸钠碱液中和残酸，再用甘油浸渍塑化，形成质地紧密坚韧的半透明乳白色双面平滑纸张。由于采用硫酸处理而羊皮化，因此也称硫酸纸，应注意羊皮纸呈酸性，对金属制品有腐蚀作用。

羊皮纸具有良好的防潮性、气密性、耐油性和机械性能。食用包装用羊皮纸的定量为 45g/m²、60g/m²，主要技术指标见标准 QB/T 1710—2006，满足油性食品、冷冻食品、防氧化食品的防护要求，可以用于乳制品、油脂、鱼肉、糖果点心、茶叶等食品的包装。

（3）鸡皮纸　鸡皮纸是一种单面光的平板薄型包装纸，定量为 40g/m²，因其不如牛皮纸强韧，故戏称"鸡皮纸"。鸡皮纸纸质坚韧，有较高的耐破度、耐折度和耐水性，有良好的光泽，可供印刷商标和包装食品用。

用于食品包装的鸡皮纸，不得使用对人体有危害的化学助剂，并且纸质要均匀、纸面平整、正面光泽良好及无明显外观缺陷。鸡皮纸的卫生要求应符合《食品包装用原纸卫生标准》的规定。

（4）食品包装纸　食品包装纸按 QB 1014—1991 标准规定分三种类型，如图 1-3 所示，图 1-3（a）为糖果包装原纸，为卷筒纸，经印刷上蜡加工后供糖果包装和商标用。分A、B、C 三等，A 和 B 等供机械包糖用，C 等供手工包糖用。可按订货合同生产平板纸。图 1-3（b）为冰棍包装原纸，分 B，C 两个等级，B 等供机械包装冰棍和雪糕用，C 等供手工包装用。有平板纸和卷筒纸，平板纸规格为：787mm×1092mm、625mm×118mm，卷筒纸规格按订货合同规定。图 1-3（c）为普通食品包装纸，有双面光和单面光两种类型，分为 B、C、D 三个等级，色泽可根据订货合同规定的白度或其他色泽进行生产，技术指标参见标准 QB 1014—1991。

食品包装纸直接与食品接触，必须严格遵守其理化卫生指标，纸张纤维组织应该均匀，不能有明显的云彩花，纸张表面应该平整，不能有折子、皱纹、破损裂口等纸病。食品包装纸的卫生指标应该满足 GB 11680 的规定。

　　　　　　（a）　　　　　　　　　　（b）　　　　　　　　　（c）

图 1-3　各种包装纸

（a）糖果包装原纸　（b）冰棍包装纸　（c）普通食品包装纸

（5）玻璃纸　玻璃纸又称赛璐玢，是一种透明度高且有光泽的可再生纤维素薄膜，是用高级漂白亚硫酸木浆经过一系列化学处理制成黏胶液，再成型为薄膜而成，如图 1-4 所示。玻璃纸的特点是玻璃状平滑表面、高密度和透明度；但它的防潮性差，撕裂强度较小，干燥后发脆，不能热封。玻璃纸属于天然物质，故其废弃物容易处理，不造成环境污染。

图 1-4　玻璃纸

玻璃纸是透明性最好的高级包装材料，可见光透过率达 100%，质地柔软、厚薄均匀，有优良的光泽度、印刷性、阻气性、耐油性、耐热性，而且不带静电；主要用于中、高档的商品包装，也可用于糖果、糕点、化妆品等商品美化包装及纸盒的开窗包装。但它的防潮性差，撕裂强度较小，干燥后发脆，不能热封。

玻璃纸和其他材料复合，可以改善其性能。为了提供其防潮性，可在普通玻璃纸上涂一层或两层树脂（硝化纤维素、PVDC 等）制成防潮玻璃纸。在玻璃纸上涂蜡可以制成蜡纸，与食品直接接触，有很多的保护性。玻璃纸的主要技术指标可见标准 QB 1013。

（6）茶叶袋滤纸　茶叶袋滤纸是一种低定量专用包装纸，如图 1-5 所示，用于袋泡茶的包装。要求纤维组织均匀，无折痕皱纹，无异味，具有较大的湿强度和一定的过滤速度，耐沸水冲泡，同时应有适应袋泡茶自动包装机包装的强度和弹性。

（7）复合纸　复合纸是另一类加工纸，是将纸与其他挠性包装材料相贴合而制成的一种高性能包装纸。常用的符合材料有塑料及塑料薄膜（如 PE、PP、PET、PVDC 等）及金属箔（如铝箔）等。复合方法有涂布、层合等方法。复合加工纸具有许多优异的综合包装性能，从而改善了纸的单一性能，使纸基复合材料大量用于食品等包装场合。

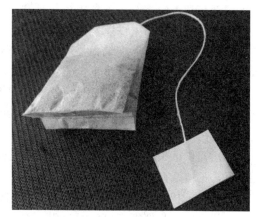

图 1-5　茶叶袋滤纸

3. 包装用纸板

（1）箱纸板　箱纸板是用未漂化学木浆、草浆或废纸浆生产的纸板，如图 1-6 所示，以本色居多，表面平整、光滑，纤维紧密，纸质坚挺、韧性好，具有较高的耐压、抗拉、耐撕裂、耐戳穿、耐折叠和耐水性能，印刷性能好。箱纸板按质量分为 A、B、C、D、E 五个等级，其中 A、B、C 为挂面纸板。A 级适宜制造精细、贵重和冷藏物品包装用的出口瓦楞纸板；B 级适宜制造出口物品包装用的瓦楞纸板；C 级适宜制造较大型物品包装用的瓦楞纸板；D 级适宜制造一般包装用的瓦楞纸板；E 级适宜制造轻载瓦楞纸板。箱纸板分平板纸和卷筒纸两种。

图 1-6　箱纸板

（2）白纸板　白纸板是一种多层结构的白色挂面纸板，是一种比较高级的包装用纸板，如图 1-7 所示。白纸板有单面和双面两种，其结构由面层、芯层、底层组成。它的面层通常采用漂白的化学木浆制成，以提供高质量的印刷表面，并具有一定的表面强度；芯层采用废纸浆、机械浆起填充作用，以增加纸板的厚度和挺度，底层用以提高纸板强度，改善纸板外观。

白纸板是一种重要的包装材料，有许多优良的特性，印刷性、缓冲性、折叠性好，易成形且可回收利用，不污染环境。白纸板的主要用途是制成纸盒等包装容器，起到保护商品、美化商品的作用。

（3）黄纸板　黄纸板又称草纸板，俗称马粪纸，是一种较低档的包装纸板。它主要用途为衬垫、隔板或将印刷好的胶版

图 1-7　白纸板

纸等裱糊在其表面，制成各种中小型纸盒。稻草和麦浆是制作黄纸板的主要原料，所以纸板呈现出草黄色，耐磨性差，但挺度大。

（4）标准纸板 标准纸板是一种经压光处理，适用于制作精确特殊模压制品以及重制品的包装纸板，颜色为纤维本色。

（5）加工纸板 加工纸板是为了改善原有纸板的包装性能，对其进行再加工的一类纸板，如在纸板表面涂蜡、涂聚乙烯或聚乙烯醇等，处理后纸板的防潮、强度等综合包装性能大大提高。

（6）瓦楞纸板 瓦楞原纸经轧制成瓦楞纸后，用粘结剂与箱纸板复合而成单楞或双楞的纸板，瓦楞纸在瓦楞纸板中起到了支撑、骨架的作用，如图 1-8 所示。瓦楞原纸是一种低定量的薄纸板，按质量分为 A、B、C、D 四个等级，具有一定的耐压、抗拉、耐破、耐折叠的性能，瓦楞纸还可作衬垫用，因此，瓦楞原纸的质量是决定纸箱抗压强度的一个重要方面。

瓦楞原纸的纤维应均匀，纸幅间厚薄一致，纸面应平整，不允许有影响使用的折子、窟窿、硬杂物等外观纸病；瓦楞原纸切边应整齐，不允许有裂口、缺角、毛边等现象；水分应控制在 8%～12%，如果水分超过 15%，加工时会出现纸身软、挺力差、压不起楞、不吃胶、不粘合等现象；如果水分低于 8%，纸质发脆，压楞时会出现破裂现象。

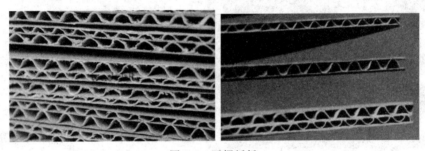

图 1-8 瓦楞纸板

瓦楞纸板是由瓦楞原纸轧制成屋顶瓦片状波纹，然后将瓦楞纸与两面箱纸板粘合制成。瓦楞波纹宛如一个个连接的小型拱门，相互并列支撑形成类似三角的结构体，即坚固又富弹性，能承受一定重量的压力。瓦楞形状由两圆弧一直线相连接所决定，瓦楞波纹的形状直接关系到瓦楞纸板的抗压强度及缓冲性能。

① 瓦楞纸板的形状。瓦楞纸板的形状，一般可分为 U 形、V 形和 UV 形三种。目前广泛使用的是 UV 形瓦楞纸板。

V 型瓦楞挺力好，坚硬可靠，用纸量少。由于 V 型瓦楞的波峰半径较小且尖，楞顶面与面纸板粘结面窄，故粘合剂用量少，从而粘结强度也低。在压制时，芯纸的波纹顶面容易压溃破裂，瓦楞辊磨损快。在实际应用中，瓦楞纸板主要受到平面、垂直、平行三个方向的压力。V 型瓦楞纸板如果受到平面压力，加压初期歪斜度小，但压力超过纸板所能承受的极限点之后就会被破坏，且瓦楞不能恢复到起始形状。故 V 型瓦楞的恢复能力较差，弹性不好，现在几乎不被采用。

U 型瓦楞楞峰圆弧半径较大，瓦楞纸板富有弹性，虽然它承受平面压力不如 V 型瓦楞纸板，但在弹性限度内，它的还原性能较好。在受压变形过程中能吸收较高的能量，具有良好的缓冲作用。楞的顶面与面纸板粘结面比 V 型纸板宽一些，因此粘结剂和纸的用量要多，但粘结强度高。

UV 型瓦楞的齿形弧度较 V 型瓦楞大，较 U 型瓦楞小，从而综合了两者的优点。它的抗压强度高，弹性好，恢复力强，粘结强度好。目前各种瓦楞机经常采用这种齿型的瓦楞辊。

实验证明，这三种瓦楞受不同的平面极限压力，变形较厉害的是 V 型，其次是 U 型，UV 型要稳定得多。

② 瓦楞纸板的楞型。所谓楞型，是指瓦楞的型号种类，即瓦楞的大小、密度与特性的不同分类。同一楞型，其楞型可以不同。瓦楞纸板的楞型有 A、B、C、E 四种，见表 1-2。

表 1-2　　　　　　　　　　　　　　　瓦楞纸板的楞型

瓦楞楞型	名称	瓦楞高度/mm	瓦楞个数（每 300mm）
A	大瓦楞	4.5～5.0	34±2
B	小瓦楞	2.5～3.0	50±2
C	中瓦楞	3.5～4.0	38±2
E	微小瓦楞	1.1～2.0	96±4

A 型大瓦楞：瓦楞高而且宽，富有弹性，缓冲性能好，垂直耐压强度高，但平压性能不好。一般利用其缓冲保护性来包装容易破裂的玻璃制品、水果、玩具等，另外也用作衬垫隔板。

B 型小瓦楞：瓦楞低而且密，单位长度上瓦楞个数多，使其具有光滑的印刷表面。平压和平行压缩强度高，但缓冲性能稍差，垂直支撑力低，故适合于包装自身具有一定强度和支撑力的电器、罐头等商品。

C 型中瓦楞：性能介于 A、B 型瓦楞之间，既具有良好的缓冲保护性能，又具有一定的刚性，许多工厂喜欢用它来代替 A 型瓦楞使用，适合于包装各种商品。

E 型微小瓦楞：单位长度内的瓦楞数目最多，瓦楞高度最小，具有平坦表面和较高平面刚度。用它制造的瓦楞折叠纸盒，比普通纸板缓冲性能好，而且开槽切口美观。表面光滑可进行较复杂的印刷，大量用于食品的销售包装。

③ 瓦楞纸板的种类。瓦楞纸板按其材料的组成可分为如图 1-9 所示的几种。

（a）单面瓦楞纸板。仅在瓦楞芯纸的一侧贴有面纸，一般不用于制作瓦楞纸箱，而是作为缓冲材料和固定材料。

（b）双面瓦楞纸板。又被称作单瓦楞纸板，在瓦楞芯纸的两侧均贴以面纸，目前多使用这种纸板。

（c）双芯双面瓦楞纸板。简称双瓦楞纸板，用双层瓦楞芯纸加一面纸制成，即由一

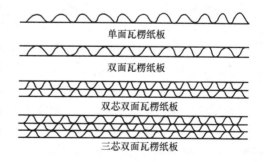

图 1-9　瓦楞纸板的种类

块单面瓦楞纸板和一块双面瓦楞纸板黏合而成。在结构上，可以采用各种楞型的组合形式，如 AB、BC、AC、AA 等结构。形式不同，其性能也就各不相同，一般而言，外层使用抗戳穿能力好的楞型，而内层用抗压强度高的楞型，由于双瓦楞纸板比单瓦楞纸板

厚，所以各方面的性能都比较好，特别是垂直抗压强度明显提高，多用于制造易损、重的及需要长期保存的物品（如含水分较多的新鲜果品等）等的包装纸箱。

（d）三芯双面瓦楞纸板。简称三瓦楞纸板，使用三层瓦楞芯纸制成，即由一块单面瓦楞纸板和一块双瓦楞纸板黏合而成。在结构上也可采用 A、B、C、E 各种楞型的组合，常用 AAB、AAC、CCB 和 BAE 结构。其强度比双瓦楞纸板又要强一些，可以用来包装重物品以代替木箱，一般与托盘或集装箱配合使用。

四、包装纸质容器

1. 瓦楞纸箱

瓦楞纸板经过模切、压痕、钉箱或粘箱制成瓦楞纸箱，如图 1-10 所示。瓦楞纸箱是一种应用最广的包装制品，用量一直是各种包装制品之首，包括钙塑瓦楞纸箱。半个多世

图 1-10　瓦楞纸箱

纪以来，瓦楞纸箱以其优越的使用性能和良好的加工性能逐渐取代了木箱等容器，成为运输包装的主力军。它除了保护商品、便于仓储、运输之外，还起到美化商品、宣传商品的作用。瓦楞纸箱属于绿色环保产品，且利于装卸运输。瓦楞纸箱一般应用于运输包装，有 3 种型号：第一类纸箱主要是用于贵重物品的运输包装；第二类纸箱主要用于内销产品的运输包装；第三类纸箱主要是用于一般商品的运输包装。用于中包装或外包装的小型纸箱，一般采用三层瓦楞纸板。用于包装易损商品、沉重商品的纸箱，一般采用五层瓦楞纸板。

2. 包装纸盒

纸盒与纸箱是主要的纸制包装容器，两者形状相似，习惯上小的称为盒，大的称为箱。纸盒大多数由纸板制成，由于其原料来源广泛，制造成本低，且常用折叠式空盒、空箱可以折叠，重量轻，便于贮运。但是纸板耐水、防潮和阻隔性较差，强度和成型性也有限。故纯纸板纸盒主要用于对密封性要求较低的固体物料包装，也用于经一次包装后的二次包装。目前制盒材料已由单一材料向纸基复合材料发展，纸板与塑料、铝箔复合后制盒，极大地提高了纸盒的阻隔性与封合工艺，扩大了它的应用范围。

折叠纸盒是应用范围最广、结构变化最多的一种销售包装容器。将纸板裁切、压痕后折叠成盒，成品可压成平板状，折叠即成盒形，纸板厚度一般在 0.3～1.1mm 之间。折叠纸盒选用耐折纸板或细小瓦楞纸板作原材料，主要有白纸板、盒纸板、挂面纸板、双面异色纸板、玻璃卡纸等。这些原材料的印刷性能好，可以进行彩色印刷。

固定纸盒所用的基材纸板较厚，如各种草纸板、刚性纸板等，常用铜版纸、仿草纸、布、金属箔等作贴面材料。固定纸盒制成后外形固定，其强度和刚度比折叠纸盒高，一般用于礼品的包装。但固定纸盒在生产时不宜加工，且成本较高。

3. 纸质托盘

纸质托盘是利用复合纸制成杯后冲压而成,深度可达6～8mm。纸质托盘所用的材料主要是纸板经涂布 LDPE、HDPE 和 PP 等涂料后制成的复合材料。纸的基材主要是漂白牛皮纸。

纸质托盘主要用于热加工食品、烹饪食品、快餐食品等包装,有时也用于收缩包装的底盘,其优点有耐高温、耐油、成本低、加工快、使用方便、外观精美等。

4. 纸餐盒

纸餐盒是一种新型的环保包装制品,目的在于取代 EPS 发泡聚苯乙烯快餐盒。QB/T 2341 对以植物纤维为主要原料生产的餐盒纸板和纸餐盒的技术进行了规范。

5. 纸袋

纸袋多采用黏合或缝合方式成袋。作为一种软包装容器,用途广泛,且种类繁多。纸袋有以下几种分类方式。

(1)按形状分 有信封式纸袋、平袋、角撑袋、粘贴袋、方底袋、手提式便携袋。

(2)按纸袋层数分 有单层袋、双层袋、多层袋。

(3)按纸袋开口方式分 有内瓣式纸袋(又称内阀式)、外瓣式纸袋(又称外阀式)。

(4)按纸袋用途分 有运输包装纸袋、销售包装纸袋。

(5)按纸袋的封口方式分 有缝制封口纸袋、黏胶带封口纸袋、绳子捆扎封口纸袋、金属条开关扣式封口纸袋、热封合纸袋等。

6. 纸浆模塑制品

纸浆模塑制品是以植物原料或废纸为主要原料经压实干燥而长期保持形状不变的纸制品。纸浆模塑制品的形状取决于模具的形状,如图 1-11 所示,通过模具能制造出各种形状、各种规格的制品,纸浆模塑制品的纸质轻软,具有适宜的强度和刚度,缓冲性能好,同时原料来源广泛,可回收重用,有利于环保。

图 1-11 纸浆模塑制品

(1)分类 按制造方法可将纸浆模塑制品分为普通型与精密型。普通型指比较粗糙的产品包装用纸浆托盘类,如水果托盘、禽蛋托盘等。精密型指工业用的制品托盘,如比较致密、平滑、尺寸和形状准确的一些盘片、碟、碗等。

按使用行业可将纸浆模塑制品分为工业托盘类纸浆模塑制品、农用托盘类纸浆模塑制品和其他专用托盘制品。

(2)在食品包装中的应用 纸浆模塑制品主要用作包装缓冲材料,与瓦楞纸箱配套使用,便于长途运输中防震缓冲,主要应用可分为以下几个方面:

① 鲜果类缓冲包装(托盘)。纸浆模塑制品大量的被用在水果运输包装。这种托盘用作水果包装,利用其缓冲性好起保护作用外,还有作用是防止水果间的接触,还可以散发热量,吸收水分,抑制乙烯浓度,防止水果腐烂。

② 禽蛋缓冲包装(托盘)。纸浆模塑制品大部分用于鸡蛋、鸭蛋、鹅蛋等蛋制品的大批量运输包装,并与瓦楞纸箱配套使用。一般是将托盘装上蛋后,一层层装填入纸箱内,

然后封箱进行贮运。

③ 工业产品缓冲包装。纸浆模塑制品在工业产品缓冲包装方面应用很多，例如玻璃制品、罐头和饮料等产品的固定缓冲材料，啤酒瓶托盘，玻璃瓶托盘等。

④ 新鲜食品包装托盘。主要指供给小批量销售所用的新鲜食品的预包装，也可以用在水果、青菜、肉类、鱼类等副食品包装。

7. 复合纸杯

图 1-12　复合纸杯

复合纸杯也是一种很实用的纸质容器，如图 1-12 所示，多用涂层白纸板、未漂白牛皮纸或聚乙烯、铝箔复合而成。

制杯是在制杯机上完成的。制杯用的原材料是专用纸杯材料，主要有三类：第一类是 PE/纸复合材料，因其可耐沸水而作热饮料杯；第二类是涂蜡纸板材料，主要是用作冷饮材料杯和低温、常温的液体食品杯；第三类是 PE/AL 纸，主要用作长期保存型纸杯，也称纸杯罐头。纸杯分为有盖和无盖，杯盖可用粘贴、热合或卡合的方式装在杯口上使其密封。

复合纸杯的特点有：①质轻、卫生、价廉、便于废弃处理；②杯身制成波纹具有保温性能，也称作保温杯。

第二节　塑　　料

一、塑料的组成

塑料是可塑性高分子材料的简称，它与合成橡胶、合成纤维同属于高分子材料。塑料的主要成分是各种高分子聚合物树脂和用于改善塑料各项性能的各种添加剂。在包装行业中高分子材料主要以塑料、橡胶、纤维、粘合剂、涂料、油墨等形式使用，其中以塑料的应用最广。用塑料可以制得软包装袋、中空容器（瓶、罐、桶等）、周转箱、片材的吸塑容器、泡沫塑料缓冲包装材料、编织袋、捆扎带等。

1. 聚合物树脂

塑料中聚合物树脂占 $40\%\sim90\%$，它是由不饱和烃和其衍生物的低分子化合物（俗称单体）通过加成聚合反应或缩聚聚合反应，变成结构上具有很多同样链节重复出现的高分子聚合物，统称合成树脂。

聚合物树脂的性能主要取决于高分子化合物的化学组成、分子质量、分子形状、分子结构和物理状态等。它的相对分子质量一般在 10000 以上，而且具有多分散性特点，因而高分子化合物无明显的熔点，只有范围较宽的软化点。

2. 常用添加剂

为了改善树脂的性能，提高塑料的使用寿命和性能，通常在塑料中加入一些添加剂。

目前常用的添加剂有增塑剂、稳定剂、填充剂、抗氧化剂等。

（1）增塑剂 用于改进塑料使用过程中的力学性能，这是一类提高树脂可塑性和柔软性的添加剂，通常是一些有机低分子物质。聚合物分子间夹有低分子物质后，加大了分子间距，降低了分子间作用力，从而增加了大分子的柔顺性和相对滑移流动的能力。因此，树脂中加入一定量增塑剂后，其 T_g（玻璃化温度）、T_m（黏流温度）降低，在黏流态时黏度降低，流动塑变能力增高，从而改善了塑料成型加工性能。对于工业方面而言，目前只限于少数几种聚合物塑料使用增塑剂，其中聚氯乙烯是最主要的，用量占到总量的 $80\%\sim90\%$，其他的使用聚醋酸乙烯。聚氯乙烯塑料制品中增塑剂的含量一般为树脂的 $30\%\sim70\%$。

（2）稳定剂 稳定剂用于防止或延缓高分子材料的老化变质。塑料老化变质的因素很多，主要有氧气、光和热等。稳定剂主要有三类：第一类为抗氧剂，有胺类抗氧剂和酚类抗氧剂，酚类抗氧剂的抗氧能力虽不及胺类，但因其具有毒性低、不易污染的特点而被大量应用。第二类为稳定剂，用于反射或吸收紫外光，防止塑料树脂的老化。第三类为热稳定剂，可防止塑料在加工和使用过程中因受热而引起降解，是塑料等高分子材料加工时不可缺少的一类助剂。

（3）填充剂 塑料制品中加入填充剂的主要目的是降低成本和收缩率，改善塑料的成型加工和物理性能。常用填充剂有碳酸钙、硫酸钙、滑石粉等，加入量一般为塑料组成的 40% 以下，而对于生产高填充低发泡的制品，有可能超过此范围。

其他比较重要的常用添加剂有抗静电剂、阻燃剂、润滑剂、着色剂等。

二、塑料的分类

塑料的分类方法有很多种，通常我们按塑料在加热或冷却时呈现的性质不同，将其分为热塑性塑料和热固性塑料两类。

1. 热塑性塑料

热塑性塑料主要以加成聚合树脂为基料，加入适量添加剂而制成。在特定温度范围内能反复受热软化流动和冷却硬化成型，其树脂化学组成及基本性能不发生变化。这类塑料成形加工简单，包装性能良好，可反复成型，但刚硬性低，耐热性不高。包装上常用的热塑性塑料品种有：聚乙烯、聚丙烯、聚氯乙烯、聚乙烯醇、聚酰胺、聚碳酸酯、聚偏二氯乙烯等类塑料。

2. 热固性塑料

热固性塑料主要以缩聚树脂为基料，加入填充剂、固化剂及其他适量添加剂而制成；在一定温度下经过一定时间固化，再次受热，只能分解，不能软化，因此不能反复塑制成型。这类塑料具有耐热性好、刚硬、不熔等特点，但较脆，且不能反复成型。包装上常用的有：氨基塑料、酚醛塑料、环氧塑料等。

三、塑料材料的主要包装性能指标

1. 机械力学性能

（1）拉伸强度 试样受拉力作用发生断裂时的最大应力，单位为 MPa。

（2）撕裂强度　一定厚度材料在外力作用下沿着缺口撕裂单位长度所需的力，单位为 N/cm。

（3）戳刺强度　材料被尖锐物刺破所需的最小力，单位为 N。

（4）爆破强度　使塑料薄膜袋破裂所施加的最小内应力，表示容器材料的抗内压能力。

（5）抗冲击强度　材料在高速冲击负荷作用下一次冲断时单位面积上所消耗的功，是衡量材料抗冲击能力的指标，单位为 J/cm。

（6）断裂伸长率　试样被扭断时，伸长长度与原有长度的比例。通常以断裂伸长率的大小来衡量塑料属于延展性材料还是脆性材料。

（7）应力松弛　将塑料快速拉伸至恒定长度并维持足够长的时间，则可以测得维持此恒定长度所需的张力逐渐减小，直至全部消失，这种现象就是应力松弛。例如用塑料绳捆扎物品，经过很长时间，塑料绳会松动，从而失去捆扎作用。

（8）蠕变　试样在恒定外力的作用下产生的形变。

2. 阻隔性与渗透性

包括对水分、水蒸气、气体、光线等的阻隔性能。

（1）透气度 Q_g 和透气系数 P_g　透气度 Q_g 指一定厚度材料在一个大气压差条件下，$1m^2$ 面积在 24h 内所透过的气体量（标况下），单位为 $cm^3/(m^2 \cdot 24h)$。透气系数 P_g 指单位时间单位压差下透过单位面积和厚度材料的气体量，单位为 $cm^3 \cdot cm/(cm^2 \cdot s \cdot 0.1MPa)$。

（2）透湿度 Q_v 和透湿系数 P_v　透湿度 Q_v 指一定厚度材料在一个大气压差条件下、$1m^2$ 面积在 24h 内所透过的水蒸气的克数，单位为 $g^3/(m^2 \cdot 24h)$。透湿系数 P_v 指单位时间单位压差下透过单位面积和厚度材料的水蒸气重量，单位为 $g \cdot cm/(cm^3 \cdot s \cdot 0.1MPa)$。

（3）透水度 Q_w 和透水系数 P_w　透水度 Q_w 指 $1m^2$ 材料在 24h 内所透过的水分重量，单位为 $g/(m^2 \cdot 24h)$。透水系数 P_w 指单位时间单位压差下、透过单位面积和厚度材料的水分重量，单位为 $g \cdot cm/(cm^2 \cdot s \cdot 0.1MPa)$。

（4）透光度 T　指能够透过材料的光通量和射到材料表面光通量的比值，单位为％。

3. 稳定性

稳定性是指材料在抵抗环境因素（例如温度、介质等）的影响而保持其原有性能的能力，主要包括耐高温性、耐化学性等。

（1）耐高低温性能　温度对于塑料的性能而言，起着至关重要的作用。当温度升高时，塑料的强度、刚性和阻隔性明显会降低；当温度降低时，会使塑料的塑形和韧性降低而变脆。材料的耐高温性能用温度指标来表示，热分解温度是鉴定塑料耐高温性能的指标之一，而耐低温性用脆化温度表示（指材料在低温下受某种形式外力作用时发生脆性破坏的温度）。对于用在食品上的塑料包装材料而言，应具有良好的耐高低温性能。

（2）耐化学性　耐化学性指塑料在化学介质中的耐受程度，评定依据通常是塑料在介质中经一定时间后的重量、强度、体积、色泽等的变化情况。如果化学稳定性不好，包装会被腐蚀破坏，从而失去保护作用，会影响商品的质量。

（3）耐老化性　耐老化性指塑料在受到光、热、水等外界因素作用下，保持其原有性能不被损坏的能力。

4. 卫生安全性

卫生安全性是指包装材料对被包装物有无污染作用，是否对人体有害。因此，食品用塑料包装材料的卫生安全性显得格外的重要，主要包括：无毒性、耐腐蚀性、防有害物质渗透性、防生物入侵等。

四、食品包装常用的塑料材料

1. 食品包装常用的塑料树脂

（1）聚乙烯　聚乙烯（polyethylene，简称 PE）是乙烯经聚合制得的一种热塑性树脂。聚乙烯无臭，无毒，手感似蜡，具有优良的耐低温性能（最低使用温度可达 $-100\sim$ $-70℃$），化学稳定性好，能耐大多数酸碱的侵蚀（不耐具有氧化性质的酸）。常温下不溶于一般溶剂，吸水性小，电绝缘性优良。聚乙烯包装的性能是对水蒸气的透湿率很低而对氧气、二氧化碳的透气率很高，有一定的拉伸强度和撕裂强度，柔韧性好。

聚乙烯热封性能好，易加工成型，且热封温度低，能适应包装机高度热封操作的要求，常作为复合包装材料的热封层。由于聚乙烯的印刷性能和透明度较差，因此常采用电晕处理或化学表面处理改善其印刷性。此外，PE 树脂属于无毒物质，符合食品包装关于卫生安全性的要求。

聚乙烯根据聚合方法、密度的不同，可以分为低密度聚乙烯、高密度聚乙烯、线性低密度聚乙烯。

① 低密度聚乙烯。低密度聚乙烯（LDPE）是一种塑料材料，它适合热塑性成型加工的各种成型工艺，成型加工性好。LDPE 主要用途是作薄膜产品，还用于注塑制品，医疗器具，药品和食品包装材料，吹塑中空成型制品等。LDPE 还常用作复合材料的热封层和防潮涂层。LDPE 的包装性能虽然较差，但其价格便宜、卫生安全，目前在市场需求较大。

② 高密度聚乙烯。高密度聚乙烯（HDPE）是一种结晶度高、非极性的热塑性树脂。具有较高的机械强度与硬度，且耐热性能优良，但柔韧性、热成型加工性有所下降。其耐溶剂性、阻气性、阻湿性均优于 LDPE。HDPE 塑料制成的薄膜可用于食品包装和蒸煮食品的包装，也可作为复合膜的热封层用于高温杀菌食品的包装。

③ 线性低密度聚乙烯。线性低密度聚乙烯（LLDPE）为无毒、无味、无臭的乳白色颗粒。它与 LDPE 相比，具有较高的软化温度和熔融温度，有强度大、韧性好、刚性大、耐热及耐寒性好等优点，还具有良好的耐环境应力开裂性，耐冲击、耐撕裂等性能，并可耐酸、碱、有机溶剂等，从而广泛用于工业、农业、医药、卫生和日常生活用品等领域。LLDPE 制成的薄膜和薄膜袋主要用于肉类、冷冻食品和乳制品的包装。

（2）聚丙烯　聚丙烯（PP）是由丙烯聚合而制得的一种热塑性树脂。聚丙烯为无毒、无臭、无味的乳白色高结晶的聚合物，是目前所有塑料中最轻的品种之一。它对水特别稳定，在水中的吸水率仅为 0.01%，分子量 8 万～15 万。聚丙烯的透明度高，光泽度好，但印刷性能差，印刷前需经过表面预处理，具有优良的机械性能和拉伸强度，硬度和韧性均高于 PE。聚丙烯的成型加工性能良好，热封性较差，化学稳定性好，且卫生安全，符合食品包装的要求。聚丙烯主要用于制成食品包装薄膜，可以替代玻璃纸包装点心、面包等，降低了包装成本，也可制成瓶罐、塑料周转筐、捆扎绳等。

（3）聚苯乙烯　聚苯乙烯（PS）是指由苯乙烯单体经自由基加聚反应合成的聚合物。它是一种无色透明的热塑性塑料，具有高于100℃的玻璃转化温度，因此经常被用来制作各种需要承受开水的温度的一次性容器，以及一次性泡沫饭盒等，但废弃物难以处理，污染环境，将被其他可降解材料所取代。普通聚苯乙烯树脂属无定形高分子聚合物，聚苯乙烯大分子链的侧基为苯环，大体积侧基为苯环的无规排列决定了聚苯乙烯的物理化学性质，如透明度高、刚度大、玻璃化温度高与性脆等。可发性聚苯乙烯为在普通聚苯乙烯中浸渍低沸点的物理发泡剂制成，加工过程中受热发泡，专用于制作泡沫塑料产品。

（4）聚氯乙烯　聚氯乙烯（Polyvinyl chloride，缩写PVC），是氯乙烯单体（Vinyl chloride monomer，缩写VCM）在过氧化物、偶氮化合物等引发剂；或在光、热作用下按自由基聚合反应机理聚合而成的聚合物。氯乙烯均聚物和氯乙烯共聚物统称为氯乙烯树脂。PVC曾是世界上产量最大的通用塑料，应用非常广泛。在建筑材料、工业制品、日用品、地板革、地板砖、人造革、管材、电线电缆、包装膜、包装瓶、发泡材料、密封材料、纤维等方面均有广泛应用。PVC的缺点是热稳定性差，在空气环境中超过150℃时将发生降解，释放出氯化氢，不耐高温和低温，一般使用温度在−15～55℃。为改善PVC树脂的热稳定性，制成塑料时需加入一定量的稳定剂。

聚氯乙烯树脂本身是一种无毒聚合物，但原料中单体聚氯乙烯对人体有剧毒，加工过程中添加的增塑剂、稳定剂等也会影响到PVC的卫生安全性，因此在一定程度上限制了其在食品包装领域中的应用。

（5）聚酯　聚酯（PET），由多元醇和多元酸缩聚而得的聚合物总称，是一类性能优异、用途广泛的工程塑料。

PET具有优良的阻气、阻油、阻湿性，化学稳定性良好，刚硬而且具有一定的任性，其抗拉强度是PE的8倍左右，还具有良好的耐磨和耐折性。PET卫生安全性好，符合食品包装的要求。

由PET制成的无晶型未定向透明薄膜可用来包装含油制品及肉类制品，收缩膜可用于畜肉食品的收缩包装，结晶型定向拉伸膜和以PET为基材的复合膜可用于冷冻和蒸煮食品的包装，目前饮料包装大都由聚酯制成。

（6）聚酰胺　聚酰胺（PA）统称尼龙，聚酰胺是乳白色或微黄色不透明粒状或粉状物。在食品包装上使用的主要是PA薄膜类制品，主要有以下包装特点：阻气性与吸水性优良，化学稳定性好，但阻湿性差；PA的抗拉强度较大，抗冲击强度比其他塑料明显高出很多；耐高低温性优良，成型加工性较好，但热封性不良，一般常用其复合材料，卫生安全性好。

PA薄膜制品大量用于食品包装，为提高其包装性能，可使用拉伸PA薄膜，并与PE、PVDC、CPP或铝箔等复合，以提高防潮阻湿和热封性能，既可以用于罐头、食品和饮料的包装，也可以用于畜肉类制品的高温蒸煮包装和深度冷冻包装。

（7）聚碳酸酯　聚碳酸酯（PC）是分子链中含有碳酸酯基的高分子聚合物，根据酯基的结构可分为脂肪族、芳香族、脂肪族-芳香族等多种类型。PC有很好的透明性和机械力学性能，尤其是低温抗冲击性能，故PC是一种非常优良的包装材料，但因价格高昂而限制了它的广泛应用。在包装上PC可注塑成型为盆和盒等，吹塑成型为瓶、罐等各种韧性高、透明性好、耐热又耐寒的产品，故用途较广。在包装食品时，由于具有透明性，也可制成"透明罐头"，且可耐 $100\sim120℃$ 高温杀菌处理。但也有其不足的一面，PC 刚性大而耐应力、开裂性差和耐药品性较差。若应用共混改性技术，如用 PE、PP、PET、ABS 和 PA 等与之共混成复合材料可改善其应力与开裂性等，但会失去光学透明性。

（8）聚乙烯醇　聚乙烯醇（PVA）是白色片状、絮状或粉末状的固体，由聚醋酸乙烯酯经醇液醇解而得。包装用 PVA 通常制成薄膜用于包装食品，具有如下特点：阻气性能好，阻湿性差；吸水性强，在水中吸水溶胀，化学稳定性好；透明度、光泽性及印刷性能很好；机械力学性能好，抗拉强度、韧性、延伸率均较高；耐高温性较好，但耐低温性较差。PVA 薄膜可直接用于包装含油食品和风味食品，若做成复合材料改善吸潮的缺点，其优良的阻气性能可广泛应用于肉类制品的包装，也可用于黄油及快餐食品包装。

（9）乙烯和醋酸乙烯共聚物　乙烯和醋酸乙烯共聚物（EVA）由乙烯和醋酸乙烯（VA）共聚而得。EVA 的性能取决于 VA 的相对分子质量及其在共聚物中的含量，当 EVA 相对分子质量一定时，共聚物中 VA 含量低则会接近 PE 的性能，VA 含量在 $10\%\sim20\%$ 时能用于塑料；VA 含量在 10% 左右时，EVA 刚性较好，成型加工性、耐冲击性比 PE 性能稍好；当 VA 含量增大时，它的弹性、柔软性、透明性增大；当 VA 含量大于 60% 时便成为热熔黏结剂。

EVA 的阻隔性能比 LDPE 差，环境抗老化性能比 PE 好，强度也比 LDPE 高，增加 VA 含量能更好地抗紫外线；EVA 透明度高，光泽性好，具有良好的印刷性能；成型加工温度比 PE 低 $20\%\sim30\%$，加工性好，可热封也可黏合，具有良好的卫生安全性。

不同的 EVA 在食品包装上用途不同，VA 含量少的 EVA 薄膜可用来包装生鲜果蔬；VA 含量在 $10\%\sim30\%$ 的 EVA 薄膜可用作食品的弹性裹包或收缩包装；而 VA 含量高的 EVA 可用作粘结剂和涂料。

（10）乙烯和乙烯醇共聚物　乙烯和乙烯醇共聚物（EVAL 或 EVOH）是乙烯和乙烯醇的共聚物。EVAL 是一种高阻隔性材料，EVAL 具有对氧、二氧化碳、氮等气体具有高阻隔性。

（11）离子键聚合物　离子键聚合物（ionomer）是一种以离子键交联大分子的高分子化合物，目前使用的是乙烯和甲基丙烯酸共聚物引入钠或锌离子进行交联而成的产品。离子键聚合物的商品名为 Surlyn，Surlyn 薄膜具有极好的抗冲击强度。化学性能稳定，阻气性比 PE 好，但其阻湿性能不及 PE，且具有吸水性；耐油脂和低温但不耐高温，最高使用温度为 $80℃$，透明度好且表面有光泽。离子键聚合物常用作塑料薄膜之间的粘合剂，多用于形状复杂的油脂性食品包装。

2. 塑料薄膜

用聚氯乙烯、聚乙烯、聚丙烯、聚苯乙烯以及其他树脂制成的薄膜，用于包装以及用作覆膜层。塑料包装及塑料包装产品在市场上所占的份额越来越大，特别是复合塑料软包装，已经广泛地应用于食品、医药、化工等领域，其中又以食品包装所占比例最大，比如饮料包装、速冻食品包装、蒸煮食品包装、快餐食品包装等，这些产品都给人们生活带来了极大的便利。常用的塑料薄膜加工方法主要有熔融挤出法、压法、流延法和平压拉伸法。

（1）普通塑料薄膜　普通塑料薄膜是指经拉伸处理的一类薄膜，其包装性能主要取决于树脂品种。普通塑料薄膜多采用 T 型模法、压延法成型。

（2）定向拉伸薄膜　定向拉伸薄膜具有的性能除取决于塑料的品种与拉伸程度等，其机械性能、阻透性能和耐热耐寒性能等随拉伸率的增大与分子定向程度的提高而提高。食品包装上常用的双向拉伸薄膜有双向拉伸聚丙烯薄膜（BOPP）、双向拉伸聚苯乙烯薄膜（BOPS）、双向拉伸聚酯薄膜（BOPET）以及双向拉伸尼龙薄膜（BOPA）等。

（3）热收缩薄膜　未经热处理定型的拉伸薄膜，其聚合物大分子定向分布的聚集状态是不稳定的，在高于拉伸温度、低于熔点的温度条件下，由于分子热运动，拉伸膜的大分子由定向分布状态回复到拉伸前的无规则线团状态，使薄膜沿拉伸方向收缩还原。利用热收缩膜加热收缩这一特性来包装食品，对被包装物具有良好的保护性、商品展示性和经济实用性。

（4）弹性（拉伸）薄膜　弹性薄膜是一种具有特殊性能的包装薄膜，具有较大的伸长率和弹性回复率，它的包装过程是利用包装回绕物品将薄膜拉伸，通过其弹性使之缠绕物品，其接头可自黏，也可用胶带黏结。与收缩包装相比，拉伸包装具有方法简单、适用范围广、成本低等特点。目前用于食品包装的弹性薄膜主要有 EVA 膜、PVC 膜、LLDPE 膜等。

3. 新型塑料包装材料

随着科技的发展，目前已经研制出多种新型塑料包装材料，例如日本研发的可记忆形状的新型塑料，该塑料具有质量轻、耐冲击的优点，原理是把金属薄片和塑料及橡胶以各种比例进行混合实验，可以得到能够自由弯曲的塑料，这种新型塑料可以在室温下进行成型加工，可以如金属丝那样用手随意改变形状，而且耐久性很好。除此之外，还有美国 Mississippi 聚合物技术公司（MPT）生产的超高强度新型塑料、日本的储光塑料与小麦塑料等多种新型塑料包装材料。随着人们对塑料材料的深入研究，在食品包装领域将会出现更多的新型塑料，特别是对环境友好的可降解塑料。

4. 复合软包装材料

复合软包装材料是指由两层或两层以上的不同挠性材料，通过一定技术组合而成的"结构化"多层材料，所用的复合基材有塑料薄膜、铝箔、纸和玻璃纸等。复合软包装材料的综合包装性能好，具有高强度、高阻隔性和保护性、包装操作适应性好、卫生安全等特点。

对用于食品包装的复合材料的要求：内层材料无毒无味、耐油且化学性质稳定，具有热封性和黏合性，常用的有 PE、CPP、EVA 等热塑性塑料；中间层具有高阻隔性，常用的是铝箔和 PVDC 等；外层材料要求光学性能好、印刷性好，具有较高的强度和刚性，常用的外层材料有 PET、PA、BOPP、铝箔等。

五、食品塑料包装容器

1. 塑料瓶

目前在包装行业应用的塑料瓶品种有 PE、PP、PVC、PET、PS、PC 等。

（1）硬质 PVC 瓶　硬质 PVC 瓶无毒、质硬、透明性很好，食品上主要用于食用油、酱油、不含汽饮料等液态食品的包装，如图 1-13 所示。无毒食品级硬质 PVC 安全指标：

树脂中 VC 单体的含量小于 1mg/kg，25℃、60min 正庚烷溶出试验的蒸发残留量小于 150mg/kg。PVC 瓶有双轴拉伸瓶和普通吹塑瓶两种。双轴拉伸 PVC 瓶其阻隔性和透明度均比普通吹塑 PVC 瓶好，用于碳酸饮料包装时的最大 CO_2 充气量为 5g/L，在 3 个月内能保持饮料中 CO_2 含量，但拉伸 PVC 瓶的阻氧性极为有限，不宜盛装对氧较敏感的液态食品。

图 1-13　PVC 瓶

（2）PE 瓶　PE 瓶主要有 LDPE 瓶和 HDPE 瓶，在食品包装上应用很广，如图 1-14 所示，但由于其不透明性、高透气性、渗油等缺点而很少用于液体食品包装。PE 瓶的高阻湿性和低价格使其广泛用于药品片剂包装，也用于日用化学品包装。

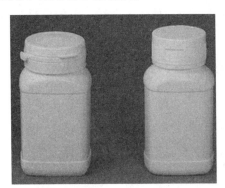

图 1-14　PE 瓶

图 1-15　PET 瓶

（3）PET 瓶　PET 瓶一般采用注—拉—吹工艺生产，是定向拉伸瓶的最大品种，如图 1-15 所示，其特点为高强度、高阻隔性、透明美观，保香性好，质轻（仅为玻璃瓶的 1/10），再循环性好，在含汽饮料包装上几乎全部取代了玻璃瓶。PET 瓶虽具有高阻隔性，但对 CO_2 的阻隔性还不充分。采用 PVDC 涂制成 PET-PVDC 复合瓶，能有效地提高其 O_2 的阻隔性，而用于富含营养物质食品的长期储存。

（4）PS 瓶和 PC 瓶　如图 1-16 所示，PS 瓶最大的特点是光亮透明、尺寸稳定性好、阻气防水性能也较好，且价格较低，因此可适用于对 O_2 敏感的产品包装，但它不适合包装含大量香水或者调味香料的产品，因为其中的酯和酮会溶解 PS。由于 PS 的脆性，PS

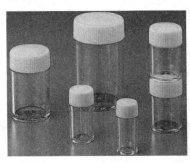

图 1-16　PS 瓶、PC 瓶

图 1-17　PP瓶

瓶只能用注—吹工艺生产。PC瓶具有极高的强度和透明度，耐热、耐冲击、耐油及耐应变，但其最大的不足就是价格昂贵，且加工性能差加工条件要求高，故应用较少。国外在食品包装上用作小型牛奶瓶，可进行蒸汽消毒，也可采用微波灭菌，可重复使用15次。

（5）PP瓶　PP瓶的加工性能较差，采用挤—吹工艺生产的普通PP瓶，如图1-17所示其透明度、耐油性、耐热性比PE瓶好，但它的透明度、刚性和阻气性均不及PVC瓶，且低温下耐冲击能力较差，易脆裂，因此很少应用。采用挤—拉—吹工艺生产的PP瓶，在性能上得到明显改善，有些性能还优于PVC瓶，且拉伸后质量减轻，节约原料30%左右，可用于包装不含汽果汁饮料及日用化学品。

2. 塑料周转箱和钙素瓦楞箱

（1）塑料周转箱　塑料周转箱是最具有塑料包装箱特色的一类塑料箱，如图1-18所示，具有体积小、质量轻、美观耐用、耐腐蚀、易清洗、易加工成型、安全卫生等特点，被广泛用作啤酒、汽水、生鲜果蔬、牛奶、水产品等的运输包装。塑料周转箱所用的材料大多是PP和HDPE。HDPE周转箱的耐低温性能较好，PP周转箱的抗压性能比较好，更适合于需长期贮存堆放的食品。由于周转箱要经受日晒雨

图 1-18　塑料周转箱

淋及外界环境的影响，易老化脆裂，制造时应对原料进行选择并选用适当的添加剂，一般选用分子质量分布较宽的树脂，或者将HDPE和LDPE混用，另外需要添加抗氧剂、颜料、紫外线吸收剂等来改善性能，以提高塑料周转箱的使用年限。目前，EPS发泡塑料周转箱作为生鲜果蔬的低温保鲜包装，因其具有隔热、防震缓冲等优越性而被广泛使用。

（2）钙塑瓦楞箱　钙塑瓦楞箱是利用钙塑材料优异的防潮性能，来取代部分特殊场合的纸箱包装而发展起来的一种包装。钙塑材料是在PP、PE树脂中加入大量填料如碳酸钙、硫酸钙、滑石粉等，及少量助剂而形成的一种复合材料。由于钙塑材料具有塑料包装材料的特性，如图1-19所示，具有防潮防水、高强度等优点，故可在高湿环境下用于冷冻食品等的包装，体现出质轻、美观整洁、耐用及尺寸稳定的优点。但钙塑材料表面光洁易打滑，减轻缓冲性较差，且堆叠稳定性不佳，

图 1-19　钙塑瓦楞箱

成本也相对较高。用于食品包装的钙塑材料助剂应满足食品卫生要求，即无毒或有毒成分应在规定的剂量范围内。

3. 其他塑料包装容器及制品

（1）塑料包装袋

① 单层薄膜袋（Single-lager film bag）。单层薄膜袋可由各类聚乙烯、聚丙烯薄膜（通常为筒膜）制成，因为其尺寸的大小有差异，厚薄及形状的不同，故可用于多种物品的包装，有口袋形塑料袋，也可做成背心袋用于市场购物。LDPE 吹塑薄膜具有柔软、透明、防潮性能好、热封性能良好等优点，多用于小食品包装；HDPE 吹塑薄膜的力学性能优于 LDPE 吹塑薄膜，且具有挺括、易开口的特点，但其透明度较差，通常用于制作背心式购物袋；LLDPE 吹塑薄膜具有优良的抗穿刺性和良好的焊接性，即使在低温下仍具有较高的韧性，可用于制作对抗穿刺性要求较高的垃圾袋。聚丙烯吹塑薄膜由于透明度较高，多用于制作服装、丝绸、针织品及食品的包装袋。

② 复合薄膜袋（Recombinal film bag）。为了满足食品包装对高阻隔、高强度、高温灭菌、低温保存保鲜等方面的要求，可采用多层复合塑料膜制成的包装袋。如前已提及的高温蒸煮袋便是复合薄膜包装袋的重要品种。

③ 挤出网眼袋（Mesh bog）。挤出网是以 HPPE 为原料，经过熔融挤出、旋转机头成型。再经单向拉伸而成的连续网束，只需按所需长度切割，将一端热熔在一起，另一端穿入提绳即成挤出网袋，适用于水果、罐头、瓶酒的外包装，美观而且大方。另一种挤出网是由发泡聚苯乙烯 EPS 为原料，经熔融挤出法制成，主要用于水果、瓶罐的缓冲包装。

（2）塑料片材热成型容器 片材热成型容器是将热塑性塑料片材加热到软化点以上、熔融温度以下的某一温度，采用适当膜夹具在气压、液压或机械压力作用下，成型成与模具形状相同的包装容器。在近 30 年以来，由于热成型容器具有很多优异的包装性能，使其在食品包装上的应用得到迅速发展。

（3）其他塑料包装制品 如图 1-20 所示，主要包括可挤压瓶、高温杀菌塑料瓶和微波炉、烤箱双用塑料托盘。

图 1-20 其他塑料包装制品

① 可挤压瓶。材料为 PP-EVOH-PP，用共挤压技术制造，保气性、挤压性能良好，可用于热填充、不杀菌的食品包装，如果酱、调味酱等。

② 高温杀菌塑料瓶。材料为 PP-EVOH-PP，其特点在于以 EVOH 为夹层材料，保气性能极好，其保存期甚至与罐头相同，可以取代目前的金属管。国际上此种新材料还处于试生产阶段。

③ 微波炉、烤箱双用塑料托盘。这种托盘以结晶性 PET 为材料，可耐高温，用于微波食品及烤箱食品包装，在欧美、日本等发达国家广泛被使用。以 PP、无机物填充 PP 的多层复合材料及 PET/纸板为材料模压制成托盘，因其性价比优良而获得广泛的应用。今年来又开发了耐更高温度的新型耐热包装材料，如聚砜薄膜（180℃）、液晶聚合物薄膜（250～260℃）等用于微波食品包装。

第三节　金　属

金属是近代四种主要包装材料之一，而金属包装材料性能优越，铁和铝是两种主要的金属包装材料，如图 1-21 所示。人类早在五千年前就开始使用金属器皿，金属材料用于食品包装有 200 年左右的历史。与其他包装材料相比，金属包装材料有很多显著的性能和特点，特别是金属包装容器用作需要长期保存的食品包装是非常理想的。

图 1-21　金属

金属包装材料的优点主要表现在以下几个方面：

① 优良的机械性能。主要表现为耐高温、耐温湿度变化、耐压、耐虫害、耐有害物质的侵蚀。可适应流通过程中的各种机械振动和冲击。

② 优良的阻隔性能。金属材料不仅可以有效的阻隔气体（如氧气、二氧化碳、水蒸气等），还可以阻光，特别是阻隔紫外光。此外，它还有良好的保香性能，可以延长食品的货架寿命。

③ 加工适应性好。可适应现代机械的高速生产。

④ 方便性好。金属包装容器不容易破损，携带方便，易开盖的使用更增加了消费者使用的方便性。

⑤ 表面装饰性好。金属具有表面光泽，并且可以通过表面设计、印刷、装饰提供理想美观的商品形象，以吸引消费，促进销售。

⑥ 废弃物处理性好。金属包装容器一般可以回收再生，循环使用，既回收资源、节约资源，又可减少环境污染。

但金属包装材料也存在缺点，主要表现在：

① 化学稳定性差。金属易受包装高酸性内容物的腐蚀，需要应用各种不同的涂料来弥补。

② 经济性差。金属的成本较其他包装材料而言相对高昂。

虽然金属包装材料的缺点限制了它在食品包装领域的广泛使用，但现在可以通过科学技术来改进并加以完善。

食品包装金属材料按材质主要分为两类：一类为钢基包装材料，包括镀锡薄钢板（马口铁）、镀铬薄钢板（TFS 板）、涂料板、镀锌板、不锈钢板等；另一类为铝质包装材料，包括铝合金薄板、铝箔、铝丝等。

一、钢基包装材料

1. 镀锡薄钢板

镀锡薄钢板简称镀锡板，俗称马口铁板，是由低碳薄钢板表面镀锡制成。它大量用于制造包装食品容器，也可为其他材料制成的容器配置容器盖或底。

（1）镀锡板的结构组成　镀锡板结构由五部分组成，如图 1-22 所示，由内向外依次为钢基板、锡铁合金层、锡层、氧化膜（钝化膜）和油膜。

（2）镀锡板的主要技术规格　镀锡板的主要技术规格包括镀锡板的尺寸、厚度、镀锡量和调质度等。

（3）镀锡板的分类及代号　镀锡板种类很多，主要按镀锡量、调质度、表面状况、钝化方法、涂油量及表面质量等不同分类。

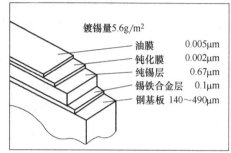

图 1-22　镀锡板结构图

2. 无锡薄钢板

由于金属锡在自然界中的资源并不是很多，加之价格比较贵，故镀锡板成本高昂。为了降低包装成本，在满足使用要求的前提下，可用无锡薄钢板取代马口铁板用于食品包装。无锡薄钢板的主要品种有：镀铬薄钢板、镀锌板和低碳钢薄板等。

二、铝质包装材料

铝质包装材料作为金属包装材料中应用最广的一种材料，具有优良的性能，且地壳金属资源含量第一，较为丰富，因此被广泛用于食品包装领域。

1. 铝质包装材料的一般包装特性

（1）阻隔性　优良的阻挡气、水、油的透过性能和良好的光屏蔽性，可以在食品包装方面起到良好的保护作用。

（2）良好的热性能　耐热、导热性能好，且耐热冲击，导热系数约为钢的 3 倍，满足食品包装加热杀菌和低温冷藏处理的要求。

（3）重量轻　铝作为轻金属，密度约为 $2.7g/cm^3$，约为钢材的 1/3，用作食品包装材料可以降低贮运的费用，从而方便包装商品的流通和消费。

（4）具有银白色金属光泽，在食品包装上的应用具有良好的商业效果。

（5）良好的耐腐蚀性　铝在空气中易被氧化而形成致密、坚韧的氧化薄膜（成分为氧化铝），从而保护内部铝材料，避免被继续氧化。采用钝化的方法处理可以获得更厚的氧化铝膜，能起到更好的抗氧化腐蚀作用。但铝抗酸、碱、盐的腐蚀性能较差。但当 Al 中加入 Mn、Mg 合金元素时，可以构成防锈合金，其耐蚀性能会有大幅的提高。

（6）较好的机械性能　工业纯铝强度比钢材要低，为了提高强度，可在纯铝中加入少量的合金元素，例如 Mn、Mg 等形成铝合金，或通过变形硬化提高强度。铝的强度不受低温影响，特别适用于冷冻食品的包装。铝的塑性很好，易于通过压延制成铝薄板、铝箔等包装材料，铝薄板、铝箔容易加工并可进一步制成罐装各类食品的成型容器。

（7）铝的原料资源丰富，然而炼铝消耗能量巨大，铝材制造工艺复杂，故铝质包装材料价格相对昂贵。但铝质包装废弃物可回收再利用，在减少包装废弃物对环境污染的同时可节约资源和能源。

2. 铝质包装材料的种类

应用于食品包装的铝制材料主要包括工业纯铝和铝合金两大类。工业纯铝指含铝＞99％的纯铝，按铝的纯度不同分为 L1、L2…L6、L51 几种，其含杂质量依次增高。包装用铝合金主要为铝中加入少量 Mn-Mg 的合金（称防锈铝），使用较多的是防锈铝 LF2（铝镁合金）和 LF21（铝锰合金）。这些铝材可分别加工成铝薄板、铝箔和铝丝用于食品包装。

（1）铝薄板　将工业纯铝或防锈铝合金制成厚度为 0.2mm 以上的板材，称为铝薄板。铝薄板的机械力学性能和耐腐蚀性能与其成分关系密切。一般在纯铝中加入其他元素称为合金，增加其机械性能。铝薄板主要用于制作铝质包装容器如罐、盒、瓶等。此外，铝薄板因加工性能好，是制作易开瓶罐的专用材料。

（2）铝箔　用于包装的金属箔中，应用最多的是铝箔。铝箔采用纯度高于 99％的电解铝或铝合金板材压延而成，厚度在 0.20mm 以下。一般包装用铝箔是和其他包装材料复合使用，作为阻隔层以提高复合材料的阻隔性能。铝箔多用于制作多层复合包装材料的阻隔层。复合用的铝箔厚度可降至 0.007～0.009mm，含铝箔的复合材料比起无铝箔的复合材料，其阻隔性尤其是遮光性高，能够满足真空、无菌、充氮等包装技术的要求，是一种适应性强、适用范围广的新型包装材料。铝箔复合薄膜既可以用于软包装材料，又可用作半硬或者硬包装材料，并已取代部分金属罐。

三、金属容器

金属包装容器是指用金属薄板制造的薄壁包装容器。包装食品所用的金属容器按其容量、形状及大小可分为桶、盒、罐、管等多种，其中金属罐的使用量最大，使用范围最广。

图 1-23　金属罐

1. 金属罐

金属罐是指用金属薄板制成的容量较小的容器，如图 1-23 所示，就是我们常说的易拉罐，其罐盖和罐身是分开生产，最后才组装在一起。制造易拉罐的材料有两种：铝材和马口铁。因为铝材具有较高的回收再使用价值，出于对环境保护的考虑，易拉罐开始大量使用铝材。铝在包装业中的强劲对手来自 PET 材料，PET 材料可以通过注塑模具制成各种形状，铝材就比较难。但二者在价格上存在很大的差异，PET 受石油价格影响，而铝材可通过回收循环使用，从而降低材料成本。近年来欧美等易拉罐消费活跃地区，不断提高铝罐及铝质包装材料的回收铝，也使得铝罐横行。

食品包装用金属罐按所用材料、罐的结构和外形及制罐工艺不同进行分类，见表 1-3。此外，按罐是否有涂层分为素铁罐和涂料罐；按食用时开罐方法不同分为罐盖切开罐、易开盖罐、罐身卷开罐等。

表 1-3　　　　　　　　　　　　金属罐的分类

结构	工艺特点	形状	材料	代表性用途
三片罐	压接罐 黏结罐 电阻焊罐	圆罐或 异形罐	马口铁、无锡薄钢板 无锡薄钢板、铝 马口铁、无锡薄钢板	主要用于密封要求不高的食品罐，如茶叶罐、月饼罐、糖果巧克力罐和饼干罐等 各种饮料罐 各种饮料罐、食品罐、化工罐
二片罐	浅冲罐 深冲罐 深冲减薄拉深	圆罐或 异形罐	马口铁、无锡薄钢板、铝 马口铁、无锡薄钢板、铝 马口铁、铝	鱼肉、肉罐头、水果蔬菜罐头 菜肴罐头、乳制品罐头 碳酸饮料罐

（1）金属罐的结构　金属罐按结构分为三片罐和二片罐，金属三片罐是由罐身、罐底和罐盖三部分组成，罐身有接缝，罐身与罐盖、罐底卷封见图 1-24。大型罐的罐身有凹凸加强压筋，起增强罐身强度和刚性的作用。罐底与罐盖的基本结构相同，其结构有盖钩圆边、肩胛、外凸筋、斜坡、盖中心和密封胶几部分。

（2）罐型与规格　金属罐按照外形的不同可分为 8 类：圆罐、冲底圆罐、方罐、冲底方罐、椭圆罐、冲底椭圆罐、梯形罐和马蹄形罐。

2. 其他金属容器

金属容器除了金属罐之外，还有金属软管、金属桶和铝箔容器等。

（1）金属软管　金属软管简单的说就是使用金属材料制成的圆柱形的包装容器。如图1-25所示，一般为折合压封一端或者焊封，另一端形成管肩和管嘴，挤压管壁时，内装物由管嘴挤出，使用简单方便，并且易于装潢印刷，所以被广泛用于果酱、果冻、调味品等半流体黏稠物质的食品包装。

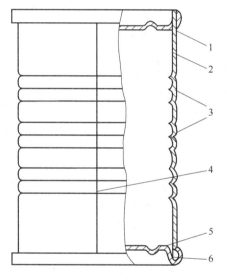

图 1-24　马口铁罐结构

1—罐盖　2—罐身　3—罐身加强压筋
4—罐身接缝　5—罐底　6—卷封边

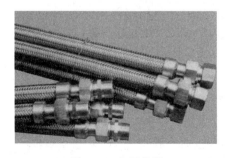

图 1-25　金属软管

（2）金属桶　金属桶一般指用金属板制成的容量较大的容器，容积一般为 30～200L。食品原料及中间产品在储存、运输过程中主要使用金属桶，如图 1-26 所示，这是因为金属桶具有密封好、强度高、耐热、耐压、包装可靠和可重复回收利用的优点。金属桶可分为小口桶、中口桶、大口桶几种。小口桶是在与桶身卷封的桶盖上制一个小入料口（有的还设有透气口），桶口用配有橡胶密封圈

图1-26　金属桶

图1-27　铝箔容器

的螺旋盖盖封。小口桶适宜于装载食用油等液体类食品，密封可靠且方便运输。大口桶的桶盖全开，靠桶箍将桶盖与桶身凸起紧固密封。大口桶主要适宜装块状、粉状或浆状食品，具有装、取物料方便和便于桶内清理的特点。

（3）铝箔容器　铝箔容器是指以铝箔为主体材料制成的刚性、半刚性或软性容器，如图1-27所示。铝箔材料制成的容器具有质轻美观、阻隔和传热性好的特性，既可以高温杀菌，又可低温冷冻、冷藏，加工性能好，可制成各种形状的容器并且容易进行彩印。此外，铝箔容器包装还具有开启使用方便、使用后易处理等优点。

第四节　玻璃及陶瓷包装材料及容器

玻璃及陶瓷是历史悠久的包装材料，虽然其易破损、质量大，但也有优于其他包装材料的特性，例如化学性质稳定、高阻隔性、高透明性、造型多变性以及便于回收利用等性能，使得玻璃及陶瓷在包装领域中占有一席之地，也在食品包装方面得到了广泛的应用。

一、玻璃包装材料及容器

1. 玻璃包装容器的化学组成

玻璃作为材料和制品，是一种熔融体冷、凝固的非结晶无机物质。大多数的玻璃容器材料采用Na-Ga-Si玻璃系统，其主要氧化物为氧化钠、氧化钙和二氧化硅等。氧化钠和氧化钙为网络负体氧化物，氧化钠可以促进硅砂的熔化，主要起助熔剂的作用；而氧化钙可以增进玻璃的化学稳定性，降低硅酸钠的结晶倾向，起稳定剂作用；二氧化硅为玻璃的主体成分，构成了玻璃的网络骨架。二氧化硅占总质量的66%～75%，氧化钠占总质量的8%～15%，氧化钙占总质量的6%～12%。除此之外，玻璃容器成分中还常含有三氧化二铝、氧化镁和氧化钡等氧化物。

2. 玻璃包装容器的主要性能

玻璃容器的性能主要表现在以下几个方面：

（1）化学性能　玻璃是一种惰性材料，它对固体和液体内容物均具有化学稳定性，可以用其盛放酸溶液与盐溶液，不会与之发生化学反应，但碱性溶液对玻璃容器有一定的影响。

（2）物理力学性能　玻璃的强度取决于其化学组成、制品形状、表面性质和加工方法。玻璃的理论强度很高，约为 10000MPa，而实际强度为理论强度的 1% 以下。这是因为玻璃制品内存在着未熔夹杂物等，会造成应力集中，从而急剧降低其机械强度。此外，玻璃成型时冷却速度过快使得玻璃内部产生较大的内应力，也致使其机械强度降低，所以玻璃制品需要进行合理的退火处理，以提高其强度。

（3）光学性能　作为玻璃包装容器，其显著的特点是光亮、透明。作为包装容器时，消费者对内容物一目了然，给人以明亮、清晰、高档的感觉，具有极好的陈列效果。

（4）成型使用性能　玻璃材料在高温下具有较好的热塑性，可以通过适当的模具、工艺制成各种形状和大小的容器；玻璃容器表面光滑，易于清洗干净，可以回收循环使用。

（5）耐热性能　玻璃具有很高的耐热性能、导热性能及低的热膨胀系数，它能经得起加工过程中的杀菌、消毒、清洗等高温处理，能用于微波炉加工和水果蔬菜食品的热加工。

（6）阻隔性能　玻璃对气体、液体及溶剂均具有完全阻隔性能，且容器的密封性较好，用其盛装含汽饮料，二氧化碳的渗透率几乎为零，阻隔性能优异。

3. 玻璃容器的包装强度

玻璃容器的包装强度主要包括拉伸强度、内压强度、热冲击强度、机械冲击强度、垂直荷重强度和水冲击强度等。

（1）拉伸强度　拉伸强度又称为抗拉强度、抗张强度。玻璃瓶、玻璃罐的包装强度设计以拉伸强度为准。

（2）内压强度　内压强度是指玻璃瓶罐承受最大内部压力的能力，其大小主要取决于玻璃原材料、瓶罐结构以及生产工艺等因素。对包装啤酒、汽水等含汽饮料瓶罐的内压强度要求较高。

（3）热冲击强度　热冲击强度是指玻璃瓶罐耐急冷和急热变化的能力。当冷作用或者热作用产生的最大应力值超过玻璃的抗拉强度和抗压强度时，会导致瓶壁破裂。

（4）机械冲击强度　机械冲击强度是指玻璃瓶超承受外部冲击的能力。一般瓶壁厚越小，机械冲击强度越小。

（5）垂直荷重强度　垂直荷重强度是指玻璃瓶罐承受垂直负荷的能力。垂直负荷使瓶肩部外表面产生最大拉吸力，其值超过许用值的时候就会使瓶子破裂。

（6）水冲击强度　水冲击强度也称为水锤强度，是指玻璃瓶罐底部承受短时内部水冲击的能力。它常常发生在包装容器的运输过程中。玻璃瓶罐的造型、壁厚以及使用年限均会对玻璃瓶罐的强度造成很大影响。

4. 常见的玻璃包装容器

（1）轻量瓶　在保持玻璃容器的容量和强度条件下，通过减薄其壁厚而减轻质量制成的瓶称作轻量瓶，如图 1-28 所示。玻璃容器轻量化程度

图 1-28　轻量瓶

图 1-29　强化瓶

用重容比表示，即容器的质量 m（g）与其容量 V（mL）之比，也即单位容积瓶重，$m/V<0.6$ 为轻量瓶。容器的重容比越小，则其壁厚越薄，一般轻量瓶的壁厚为2~2.5mm，还有进一步减薄的趋势。

玻璃容器的轻量化可降低运输费用，减少食品加工杀菌时的能耗，提高生产效率，增加包装品的美感。为了保证轻量瓶的强度以及其生产质量，对其制造过程和各生产环节要求也更高。此外，还必须采取一系列的强化措施以满足轻量瓶的强度和综合性能要求。

（2）强化瓶　如图 1-29 所示，为提高玻璃容器的抗张强度和冲击强度，采取一些强化措施使玻璃容器的强度得以明显提高，强化处理后的玻璃瓶称作强化瓶。若将强化措施适用于轻量瓶，则可获得高强度轻量瓶。目前强化措施主要有物理强化（玻璃容器的钢化淬火处理）、化学强化（化学钢化处理）、表面涂层强化和高分子树脂表面强化等。

二、陶瓷包装容器

陶瓷是无机非金属材料，如图 1-30 所示。众所周知，我国是使用陶瓷制品历史最悠久的国家，"China"一词便有"陶瓷"之意。在今天，陶瓷作为包装容器，仍然在包装工业中占有相当的比例。陶瓷制品用作食品包装容器的主要有瓶、罐、缸、坛等，主要用于酒类、咸菜以及传统风味食品的包装。

图 1-30　陶瓷容器

1. 陶瓷包装容器的原料组成

制造陶瓷的原料大概可以分为：黏性原料、减黏性原料、助熔原料和细料。制造陶瓷的主要原料有：高岭土（瓷器制造用）或黏土、陶土（陶瓷制造用）、硅砂以及助熔性原料（如长石、白云石、菱镁矿石）等。高岭土的主要组成成分为 $Al_2O_3 \cdot 2SiO_2 \cdot 2H_2O$，而黏土的成分更复杂些。

2. 陶瓷包装容器的特点

陶瓷是无机非金属材料，内部由离子晶体及共价晶体构成，同时还有一部分玻璃相和气孔，是一种复杂的多相体系以及多晶材料。陶瓷包装容器的特点主要有：①陶瓷制品的原料来源丰富，成型工艺简单而且便宜；②耐热、耐火、耐药性好，可反复使用，废弃物对环境污染小；③具有高的硬度和抗压强度；④上彩釉陶瓷制品造型色彩美观，装饰效果好，又增加了容器的气密性和对内装食品的保护作用。同时，其本身为精美的工艺品，有很好的装饰观赏作用。

3. 陶瓷包装容器主要分类

如图 1-31 所示，陶瓷器主要有以下几种：

图 1-31   主要陶瓷器

① 土器。土器一般不透明，有颜色，但吸水性大，无釉，主要用于农家粮谷类食品的储存。

② 陶器。陶器同样不透明，有吸水性，颜色为白色或者无色，分为粗陶和细陶。主要用于液体、半流质、片状或块状食品的运输或者保存。

③ 瓷器。瓷器是陶瓷制品中最好的一种，无吸水性，白色，多施白釉，机械强度高，被广泛用于餐具、酒类包装等。

任务二 │ 食品包装技术要求   🔍

能力（技能）目标	知识目标
1. 了解食品包装的营养控制。	1. 熟悉食品包装的内在要求和外在要求。
2. 了解绿色包装相关知识。	2. 掌握食品包装的安全性要求等相关要求。
3. 了解条形码相关概念。	3. 掌握食品包装内在要求指标及其相关因素。
4. 了解防伪包装理论。	4. 掌握食品包装的呼吸要求。

从包装性能上来看，食品包装的要求可以分为内在部分和外在部分两方面：①内在要求是指通过包装使食品在其包装内实现保质保量的技术性要求；②外在要求是指利用包装反映出食品的特征、性能、形象，是食品外在的形象化和表现形式与手段。

第一节 食品包装的内在要求

食品包装的内在要求是指通过包装使食品在其包装内实现保质保量的技术要求，主要包括强度、阻隔、呼吸、耐温、避光和营养等。

一、食品包装的强度要求

1. 食品包装强度要求的概念

我们知道，强度是物体抵抗外力的能力。物体的强度与所用的材料、断面形状和断面面积大小等因素有关，如设计零件一般都要进行强度计算，做到安全可靠而且经济。食品包装的强度要求是指包装要保护食品在储藏堆码、运输、搬运过程中能抵抗外界各种破坏力。这些破坏力有可能是压力、冲击力或振动力等。强度要求对食品包装而言，就是一种力学保护性。

2. 强度要求的相关因素

食品包装强度要求的相关因素很多。主要有运输、堆码和环境三大类。

（1）运输因素　运输包装包括运输方法、装卸方式和运输距离等转移过程。运输方法主要有汽车、火车、飞机、人力车或畜力车。装卸方式有机械和人工两种。运输距离越长越会有遭受破坏力作用的可能。

运输方式与强度要求有很大的关系。即使是一种非常易破碎的物品，如果有人把它带上飞机并抱在怀里，尽管它的包装哪怕是一层纸或是一层塑料包装，则这件物品也可以得到充分的保护。但多数情况下商品的运输是物流来完成的，一旦产品进入运输环节，就离开了厂家和用户的管辖，有可能会遇到对包装物品毫不关心或缺乏责任心的人来装卸和运输，这会使得商品难以得到保护。为使商品的破损减少到最少，包装必须有一定强度。上述谈及由人把易破碎的物品带上飞机并抱在怀里，这件商品就可以得到充分的保护。这实际上就是将商品置于最理想的包装之中。

（2）堆码因素　如图1-32所示，堆码在生活中十分常见。在各种堆码方式中，单层堆码仅限于陈列商品，其他堆码方式如杂乱堆码方式很少用，一般均采用平齐多层堆码。这种堆码方式可以提高包装抗压能力，但稳定性差。因此，如图1-33所示为常见堆码形式。能同时达到提高包装强度和稳定性的堆码，最理想的是骑缝堆码和"井"字堆码。

图 1-32　堆码

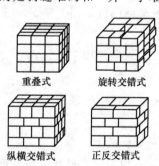

重叠式　　旋转交错式

纵横交错式　　正反交错式

图 1-33　堆码形式

（3）环境因素　影响食品包装强度的因素很多，主要是指运输环境、气候环境、贮藏环境和卫生环境。影响食品包装强度运输环境是指运输道路平整程度、路面等级、海运的航海水面条件等。路面或海面条件越差，则设计食品包装时，越需考虑其强度问题。与食品包装有关气候环境包括温度、湿度以及温差与湿差。温度越高，湿度越大，食品包装的强度越易减弱。同样，温差与湿差越大，也越易使食品包装强度降低，最终因包装强度影响到包装内食品的变形和变质。

贮藏环境是指食品在仓储期间存放仓库或货房中地面与空间的潮湿程度、支承商品平面的平整性、通风效果等。有了这些优良的储藏条件，才有可能提高其食品包装强度。卫生环境是指商品储藏与陈列等场地的卫生条件，有无老鼠、蚊虫等。一旦有这些虫鼠出现，将损害包装和产品。

3. 典型食品的包装强度要求

典型食品主要有禽蛋类、酒类、果蔬类、饼干糕点类、豆腐及豆制品、膨化食品类等。禽蛋类食品包装是典型的防外力作用的保护性包装，其强度要求具有抵抗外力的作用，同时还要防止内部相互碰撞。酒类指瓶装或瓶盒套装酒，其抵抗外力与瓶内相撞问题也需要有较高强度要求。果蔬、饼干、豆腐及豆制品等食品均需防外力作用，只有在包装的刚性与防潮功能保护下，才能更好地实现产品的正常转移。膨化食品类是最易破碎的食品，仅仅靠包装的强度来保护还不够，通过充入气体才能达到其防振、防压、防冲击等目的。自身具有内压的食品包装，如啤酒、汽水、可乐饮料等，因其内部有二氧化碳气体的作用而导致内压，这类包装要承受内外双重压力，需起到承受内外压力的双重保护作用。以上各类食品的包装，在强度要求上根据自身的特性，针对运输因素、堆码因素和环境因素，采取不同材料、不同结构、不同性能的包装材料进行包装方可满足所要实现的强度要求。

二、食品包装的阻隔性要求

阻隔性是食品包装的重要性能之一，很多食品在储藏与包装中，由于阻隔性差，而使食品的风味和品质发生变化，最终影响产品质量。为达到食品包装效果，满足食品对外界的阻隔性要求，一般都是通过包装来实现的。也就是说，食品包装的阻隔性要求是通过食品对包装材料的阻隔性要求来实现的。

食品包装阻隔性要求是由食品本身特性所决定的。不同食品对包装阻隔性要求的特性也不一样。食品包装阻隔性特征主要有以下几种。

（1）对外阻隔

所谓对外阻隔就是将食品通过包装容器包装后，使包装外部的各种气味、气体、水分等不能进入包装内食品中。很多食品都需要用这种对外阻隔的材料进行包装，以保证在一定时间内达到保护食品原有风味的目的。实际上，这种对外阻隔是防止食品受环境空间各种不良成分污染的包装措施，尤其对食品覆盖面广、市场大、销售和运输环境较为恶劣的场合。

对外阻隔是一种单向阻隔技术在食品包装上的应用，可使包装内物品排出的气体向外渗透，而不让包装外的有关成分与物质向包装内渗入。

（2）对内阻隔

对内阻隔是通过包装容器阻止包装的食品所含气味、湿度、油脂及发挥性物质向包装外渗透，保护包装内食品的各种成分不溢出。

对内阻隔主要是对那些自身呼吸速度和呼吸强度很低的食品所要求的。而且这类食品在销售、运输、陈列所处的环境应较为优良，其环境空间无不利于食品储藏的物质和成分。

（3）互为阻隔

互为阻隔包含两种含义。一种是在大包装内的小包装食品，而且这种小包装食品各具特征，为防止不同特性的食品在包装中不串味，则必须要求内包装具有阻隔性。另一种是通过包装使包装内食品和包装外各种物质不相渗透即包装内的物质不向外溢出，而包装外的各种物质也不渗入。

很多食品都需要有互为阻隔性，互为阻隔越好，其货架寿命就越长。互为阻隔性在不带活性的加工食品中非常重要。

（4）选择性阻隔

选择性阻隔是经过近些年的研究发现的。它要求根据食品的性能，利用包装材料，使内外物质有选择性地阻碍有关成分的渗透，让某些成分渗透通过，而另外一些成分经阻碍不能通过。实际上是利用不同物质分子直径，使包装材料起到了分筛的作用。当某些物质的分子直径大于某个值，则该物质的分子便可阻隔；当分子直径小于某个值，则该物质便可通过。

有很多食品都需要选择性阻隔来达到其包装目的。例如，果蔬类食品的保鲜就需要其包装具有这种特性。

（5）阻隔成分与物质

食品的品质是通过其自身的成分和加工方式实现并在有效的时间同将其风味予以保存体现出来的。如通过人的视觉、触觉、味觉以及相关的仪器检测而得以体现。

影响食品储藏品质并需要阻隔的物质有很多。因食品种类和加工方法而异，主要有：空气、湿气、水、油脂、光、热、异味及不良气体、细菌、尘埃等，这些物质一旦渗透到包装内食品中，轻则使食品的外观产生变化，严重时会使食品变味，产生化学反应，形成有害物质，最终使食品腐烂变质。

（6）阻隔性要求应考虑的问题

阻隔性是保证食品品质的重要技术措施。对食品包装最重要的一点是包装材料与包装容器在具备阻隔性能的同时，还必须保证自身无毒，无挥发性物质产生，也就是要求自身具有稳定的结构成分。在包装工艺的实施过程中，也不能产生与食品成分发生化学反应的物质和成分。此外，包装材料与包装容器在储藏和转移过程中，不能因不同气候和环境因素的变化而产生化学变化。

三、食品包装的呼吸要求

有很多食品都是具有生命的食品。因此，这类食品在包装储藏过程中必须保持呼吸状态。例如，活鲜食品、非加工食品等。

1. 呼吸的概念

呼吸是活鲜食品在包装储藏中最基本的生理机能。是其细胞组织中复杂的有机物质在酶的作用下缓慢地分解为简单的有机物质，同时释放出能量的过程。这种能量一部分用来进行正常的生理活动，一部分以热形式散发出来。因此，呼吸是一种营养消耗的过程，也是一种缓慢的生物氧化过程。

食品的呼吸靠吸收氧气、排出二氧化碳来进行，食品的正常呼吸是在储藏中使其保质保量、延长货架寿命的条件。活鲜食品的呼吸可通过包装来控制其呼吸强度、供氧量，使之得到好的储藏。

2. 呼吸强度及作用

呼吸强度是指呼吸作用的强弱或呼吸速度的快慢。一般以 1kg 活性体在 1h 内消耗的氧气或释放出的二氧化碳的毫克量为计量。

呼吸强度对食品包装与储藏有很大影响，呼吸强度越大食品内原积存的有机质消耗就越多，产生的呼吸热也越多，这样就会促进活性食品的衰老进程。过多的呼吸热可使储藏环境的温度升高，造成产品受热变质以及腐败，从而缩短商品的保质期。反之，呼吸强度越小，呼吸作用就越微弱，而过于微弱的呼吸会使正常的生命活动受到破坏，降低对微生物的抵抗力，同样也会加速食品活动的衰老进程，进而大大缩短保质期。由此可知，活性食品的呼吸强度太大或太小都会影响食品的储藏期或货架寿命。与呼吸有关的因素有活性食品的成熟度、储藏环境温度、环境与包装内的气体成分等。

3. 呼吸形式及作用

活性食品的呼吸形式可发为有氧呼吸与无氧呼吸。

（1）有氧呼吸　有氧呼吸是在有氧供给条件下进行的呼吸。活性食品靠呼吸作用吸收周围空气中的氧，把体内的糖分、碳水化事物、蛋白质、脂肪、有机物氧化分解为二氧化碳和水，同时放出能量，有氧呼吸放出的能量一部分变成了呼吸热，在通风不良或无降温措施时，这种呼吸热会逐渐积累，致使食品体内温度升高，而温度升高又会促使呼吸作用加强，进而使所释放的热量增多，呼吸随之进一步加强，如此产生恶性循环，最终导致活性食品的衰老和腐烂变质。由此可见，有氧呼吸是正常呼吸形式，但为了达到较长的保质期，必须控制其氧分量，使之处于适当低水平状态。在包装措施上就是利用包装透氧量来实现，并利用包装的隔热等功能来降低呼吸热，以延长货架寿命。

（2）无氧呼吸　无氧呼吸是缺氧条件下进行的呼吸。无氧呼吸在一般情况下，活性食品体内有机物不被彻底氧化，而变成乙醇和乳酸等，同时释放出少量能量。研究表明，无氧呼吸所提供的能量很少，活性食品为了获得维持其生理活动能量，只能分解更多的呼吸基质，也即消耗更多的养分，这些养分的消耗使活性食品衰老和腐烂加速。另外，所产生的酒精、乙醇和乳酸等积累到一定程度后，会引起细胞中毒而死亡和整体新陈代谢活动受阻，最后导致活性食品的腐烂变质。实际上，无氧呼吸就是发酵。因此，为了较好地储藏和包装，应避免无氧呼吸，或在无氧呼吸包装内加入有关成分控制发酵。

食品的呼吸要求就是对包装材料或包装容器的透气性、包装与储藏环境的温度、气体成分提出的要求，不同的食品对包装的要求也主要是利用包装来控制呼吸。

四、食品包装的营养控制

在食品的包装贮藏过程中，随着时间的推移，会逐渐变化、变质甚至腐败，从而失去其价值。所以，食品对包装有营养性要求，即对食品的包装应有利于营养的保存，更理想的是能通过包装对营养加以补充（难度较大）。

1. 食品包装营养控制的依据

食品包装对于营养控制主要从两方面来说：食品在贮藏过程中会发生一系列的物理化学变化和向食品包装贮藏中加入应用补充剂。例如水分子的散失、糖分的增减、有机酸和淀粉的变化、维生素和氨基酸的损失以及色素及芳香物质的失去等。所有这些损失或者失去的成分均属于食品的营养成分。通过实验和研究得出结论，食品在包装时加入具有营养补充作用的保鲜剂，通过相应的技术和工艺，使用具有保鲜作用的包装材料等，都是针对营养消耗进行的补充措施，使得食品在营养消耗与外界补充中得以暂时平衡，最终使食品拥有较长的货架寿命。

2. 食品营养性要求的有关因素

对于食品而言，与其营养性要求的有关因素大概分为以下几个方面：

① 不同的食品在包装贮藏中营养损失的快慢有所不同，但总体而言，随着贮藏时间的增长，其损失也逐渐增加。

② 在较低的温度和较弱的光照条件下，更加有利于营养损失的减少。

③ 理想的包装技术与良好的功能包装材料具有减少营养损失或补充营养素的作用。

④ 加入食品所含的营养成分有利于减小营养损失和营养补充。

⑤ 包装最重要的目的是保存食品的营养成分，在包装材料成分中加入营养成分是最理想的营养补充包装。

3. 现代食品包装营养控制

① "眼见为实"已经不能体现营养的实实在在。例如，超过食品有效保存期的食品，从包装上看与有效期内的食品并无两样，而实际上很多过期的食品其品质已经完全破坏。因此，现代食品必须通过专门的仪器来检测其包装内容物的营养所在。

② 食品包装已经从单一的营养保护转向营养保护与营养补充相结合的双重作用。

③ 食品的很多包装是通过保鲜来实现其保质和营养保护。

④ 包装技术、包装材料和包装辅料相结合是保护食品营养或补充营养的最好办法。

4. 其他要求

关于食品包装的其他要求还有很多，例如食品包装的耐温控制、食品包装的避光控制、食品防碎要求、食品保湿要求等。

第二节　食品包装的外在要求

随着现代经济的快速发展，食品工业也在飞速的更新。市场上商品琳琅满目，竞争十分激烈，而产品之间的竞争不再仅仅是质量与价格的竞争，已逐渐发展为以产品文化为特征的品牌竞争。产品不加包装和加精美礼品盒包装的市场差价巨大，且远远超过了包装成本，名牌产品和非名牌产品虽然质量相差无几，但市场价格却相差很大，由此可见包装及其形象的增值效应。

好的食品包装设计一定要同时具有安全性、促销性、便利性和环保性。

一、食品包装设计安全性要求

食品包装设计的安全性主要包括卫生安全、运输搬运安全和使用安全等方面。

1. 卫生安全性

如今随着人们生活水平的提高，人们越来越注重食品的安全和卫生问题，而食品包装作为保证食品安全卫生的重要手段得到了更广泛的重视。卫生安全是指食品包装材料中不应含有对人体有害的物质，而在食品包装设计技术方面，使处理后的食品在营养成分、色、味等方面尽可能保持不变。

食品包装目前使用量最大的几种材料是纸、塑料、金属和玻璃。我国国家标准 GB 9685—2008 中规定了食品容器、包装材料用添加剂的使用原则、允许使用的添加剂品种、使用范围、最大使用量、最大残留量或者待定迁移量。国标对食品包装原纸的卫生指标还有理化指标及微生物指标都有相应的规定。

用于食品包装的金属材料有马口铁和铝，在与食品接触的内表面通常会有涂层，是一种热固性塑料环氧树脂，防止食品中的酸性物质和蛋白质加热过程中产生的硫对金属造成的腐蚀。食品包装常用塑料有 PE（聚乙烯）、PP（聚丙烯）和 PET（聚酯）等，因为在加工过程中助剂使用的较少，而树脂本身的性质比较稳定，所以它们的安全性是很高的。但塑料树脂中残留单体超量会构成安全问题，对人身造成伤害。对此，GB 9681—1988、GB 4803—1994 中分别规定了食品包装用塑料 PVC（聚氯乙烯）成型品及 PVC 树脂中聚氯乙烯单体含量≤1mg/kg，这与国际食品法典委员会公布的要求相同。而对于食品包装所用的玻璃容器应该由 Na-Ga 玻璃制造，故应注意避免重金属的超标。

2. 运输搬运安全性

搬运安全是指包装设计能够保证所运输的物品在运输和装卸过程中的安全问题，还应包括消费者在购物时提取和购买后的携带安全。要求食品包装要适于放置、搬运、陈列和方便购买，不能设计带有伤人的棱角或者毛刺，要尽量设有方便手提的装置，以便携带。

3. 使用安全性

使用安全是保证消费者在开启、食用过程中不至受到伤害。食品包装设计还要考虑到在打开包装时，即使打开方式不正确，也不至于对消费者造成伤害。

二、食品包装设计促销性要求

促销性是食品包装的重要功能之一，通过一种独特的包装设计，刺激消费者的购买欲望，达到促销的目的。

食品的性能、特点、食用方法、营养成分、文化内涵（历史及传说等）不可能像古代商品交换那样，靠品尝来加以鉴别。在现代社会中，只能依靠宣传和说明，而在包装上加以说明就是最好的宣传，这就是商品包装的促销性。很多商品都有促销性要求，而包装的功能之一就是促进销售。食品包装设计的促销性包括：必要的信息促销、形象促销、色彩促销、结构促销和品牌促销等。

1. 必要信息促销

必要的信息是指有关法规明文规定的必须在食品包装袋上标明的内容，如食品的名称、商标、生产厂商、主要成分、净含量、出厂日期（生产日期）、保质期、产地（厂址）等，如图1-34所示。将这些必要信息标示在包装上，消费者购买后，包装和商品一道伴随消费者的足迹被带往各地，无形中起到了宣传促销作用。另外还可在包装上加入代理商电话号码（通讯方式）、产品标准号、产品简介、贮藏方法等。在产品简介中，选择合适的文字、恰当的语言，通过简洁而具有吸引力的陈述，会有更大的促销效果，实际上起到了一个推销员的作用。

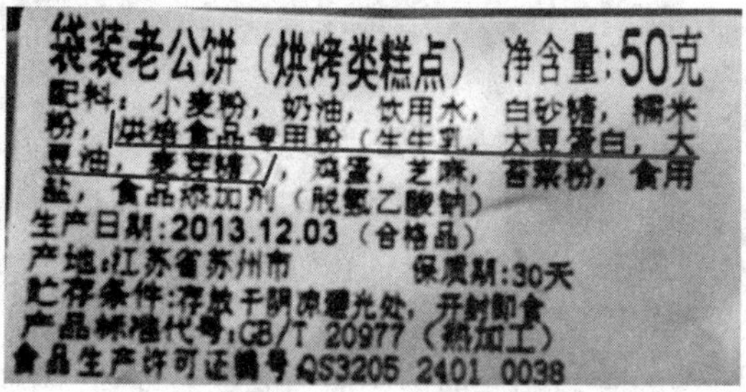

图 1-34 必要信息

2. 形象促销

食品包装设计的形象是综合能力的表现。对于一件高档的食品包装可将其形象表达为：形状之好、颜色之美、材料之精良、合适的容量、别具一格的造型和别致的表现形式。

形象促销是利用包装体现内在食品魅力的促销方法，食品外观包装可在消费中确定一种形象。通过包装促使消费者产生第一次购买欲望。消费者第一次消费感到满意就会再次购买，而且每当他看到同样的包装或类似的包装时就会联想到第一次使用时的满足感，现在人们不只是购买生活需要最小限度的商品，还购买自己爱好而生活并非急需的商品，商品交换成功是靠包装的形象促进而成的。形象促销的关键是做好商品的定位，然后再确定其包装的形象。商品定位指的是礼品、日常消费品、休闲食品和日用必需品等。例如国酒茅台声誉响遍全球，其高贵典雅的包装，从内包装的瓷瓶到外包装的精美彩盒，构成了茅台整体形象。形象促销应针对消费者的不同要求来吸引消费者（视觉），起到感召作用，从而使包装为食品销售扮演重要角色。又例如图1-35所示为铁观音的高端包装设计，给人一种大气典雅的感觉，大大促进了人们购买的欲望。

图 1-35 铁观音的包装

3. 色彩促销

食品包装选用色彩对促销具有积极作用，主要是与各种色彩对人的心理作用而产生的。食品包装一般的准则是应尽量采用鲜明丰富的色调。用红、黄、橙等强调味觉，突出食品的新鲜、美味和营养；用蓝、白色表示食品的卫生和清凉；用透明或无色显示食品的纯净安全；用绿色展示食品（如果蔬）的新鲜、无污染；用沉着古朴的色调说明传统食品工艺的历史与神奇感；用红色、金色表示食品的高贵与价值。另外，对易于发霉的食品如肉制品、蛋制品和面包糕点类应谨慎使用绿色。自然美观的食品最好选用无色透明的食品包装。

4. 结构促销

包装促销的结构多种多样，主要有如下几大类。

（1）整体结构　造型别致，与众不同。特殊是食品包装盒整体结构促销的关键，只有通过特殊来表现与众不同和引起消费者的注意和兴趣，在广泛的市场调查基础上进行创造性设计，如将包装瓶设计成圆形、腰鼓形、棱形、动物形、球形、组合形、果物形等。

（2）局部结构　包装的某一部位采用特殊的结构，如包装的封口和出口，某部位设置特殊的提手、开孔（手提用或透气用），加密于内层的有奖识别或开启方法，以引起购买者的注意而进行促销。

采用与众不同、仿生、仿物、仿古等结构设计，投消费者好。正如美国经济学家帕克顿著作《隐藏着的说客》中所描述："为什么在超级市场里消费者要买更多的物品？因为如今的消费者拥有如下的消费哲学：只要是称心如意的东西就买，只要由于某种理由而显得非常别致的商品就买。"书中所说的别致是指商品包装的特殊结构。

5. 品牌促销

品牌促销是利用包装设计体现食品内涵的促销方法，有些食品品牌名称极其响亮，以致成为该类产品的代名词。例如"可口可乐"，人们自然而然会想到可乐类饮料。

包装品牌促销关键的问题是怎样设法在众多的食品或同类的产品中引起消费者注意，这可以通过有形的包装在立体与平面相结合的基础上加以实现。

对食品品名滑稽化或找形象代言人，字体的滑稽、发音的滑稽、组合与颜色的滑稽可达到让消费者增加记忆，还有的在包装上用音乐来强化消费者对其产品名称的记忆或在品牌名称上冠以著名的事件、人物、故事。还有将业主的名称或照片贴于包装上达到促销的目的。例如影星保罗·纽曼自组公司出售沙拉酱、调味酱、爆米花、辣椒酱，所有的包装瓶上都贴上他的名字和照片，从而使他的产品在市场上长期畅销不衰。还有遍布全球的肯德基炸鸡也是如此。

商标、图案有鲜明的象征性。商标及图案、文字是消费者识别不同产品与厂商的凭证。象征图标具有说明力和影响力，让人铭记心中，最能反映产品的特性和品质，更多的是提升品位。

由于商标及标记与图案是通过包装来传递给消费者，因此在设计时应使之在众多商品中脱颖而出。在设计时有可能要提出几十个图案和表现手法，多方面考虑商标与标识上所用文字，经过无数的字形测试与评估从中挑选出最有象征意义和档次的。一个成功的商标和标识推出后，人们只凭商标或标识就能认出其产品，如公司产品、商标或标识采用雄狮和公牛让人联想到权利、强势、主宰、霸主领袖地位形象，从而提升产品品味。

三、食品包装设计便利性要求

包装的便利性经常是消费者选择某种食品的重要理由。包装的便利性包括使用便利，如调味品的包装；形态便利，如新推出的奶片（干吃奶粉）；场所便利，如外出食用的旅游、休闲食品要求具有质量轻、体积小、开启方便等特点，以及携带便利、计量便利、操作便利和选择便利等方面的要求。

易开启是包装便利性最典型的体现。以往必须借助工具才能开启的包装，如今已普遍为易拉罐、易拉盖、旋转盖、易撕开盖和插孔等所替代。包装便利性已经成为食品包装、饮料包装必不可少的重要因素。对于一些大包装或者不能一次用完的包装，包装的可再密封性就显得尤为重要。目前，不同厂家推出了多种可再密封包装结构，如各种咬合盖、拉链、滑动锁扣和各种压力扣等。便利包装新技术，除了以往的易开启与再密封之外，包装便利性需要考虑的因素还有很多，涉及包装的使用、储存、运输、安全等多个环节。

此外，还可以期待更新、更方便的包装技术，如具有自动提示温度、产品质量、包装保质期或者内装物是否已经变质等功能的包装，还可以根据精确的设定值进行对内容物的加热和冷却等。

第三节   食品包装的相关知识

一、食品包装设计思想

当今的社会，产品的竞争已经不仅仅体现在产品本身，产品的包装设计也变得越来越重要。那么要做好包装设计我们应该注意哪些东西呢？

1. 设计分类

食品包装可分为休闲食品包装、饮料包装设计、月饼包装设计、礼盒设计、大米包装设计、奶粉、牛奶包装设计、酱油醋包装设计、薯片包装设计、保健食品、营养品、糖果、绿色食品、冷饮形象设计等。

2. 设计要准确传达产品信息

成功的食品包装不仅要通过造型、色彩、图案、材质的使用引起消费者对产品的注意与兴趣，还要使消费者通过包装精确理解产品。因为人们购买的目的并不是包装，而是包装内的产品。准确传达产品信息最有效的办法是真实地传达产品形象，可以采用全透明包装，可以在包装容器上开窗展示产品，可以在食品包装上绘制产品图形，可以在包装上做简洁的文字说明，可以在包装上印刷彩色的产品照片等。

准确地传达产品信息也要求包装的档次与产品的档次相适应，掩盖或夸大产品的质量、功能等都是失败的包装。我国出口的人参曾用麻袋、纸箱包装，外商怀疑是萝卜干，自然是从这种粗陋的包装档次上去理解。

相反，低档的产品用华美贵重的包装，也不会吸引消费者。目前我国市场上的小食品包装印刷大多十分精美，醒目的色彩、华丽的图案和银光闪烁的铝箔袋加上动人的说明，对消费者，特别是儿童有着极大的诱惑力，但很多时候袋内的食品价值与售价相差甚远，使人有上当受骗的感觉，所以，包装的档次一定要与产品的档次相适应。

根据国内外市场的成功经验，对高收入者使用的高档日用消费品的包装多采用单纯、清晰的画面，柔和、淡雅的色彩及上等的材质原料；对低收入者使用的低档日用消费品，则多采用明显、鲜艳的色彩与画面，再用"经济实惠"之词加以表示，这都是为了将产品信息准确地传达给消费者，使消费者理解。

准确地传达产品信息还要求包装所用的造型、色彩、图案等不违背人们的习惯，致使理解错误。

如食品包装设计色彩的运用有这样的经验：黄油不用黄色的包装设计而用其他色彩就滞销，咖啡用蓝色包装同样卖不出去，因为人们长期以来已经对某些颜色表示的产品内容有了比较固定的理解，这些颜色也可称为商品形象色。商品形象色有的来自商品本身，茶色代表着茶，桃色代表着桃，橙色代表着橙，黄色代表着黄油和蛋黄酱，绿色代表着蔬菜，咖啡色就是取自于咖啡。

3. 如何让产品包装设计不落俗套

(1) 设计可重复使用的包装   小型饮料市场已经成熟，竞争异常激烈。如果认为这里已经没什么有作为的新意，那你可就错了。POM Tea 公司便推出了特别的包装。它推出的产品本身就很特别，加入石榴汁的茶。包装更值得一提：饮料被装在一个常用的长条形玻璃瓶里，上面是盖子和热收缩标签，写着：移除标签，留下瓶子。该产品约 2.79 美元一瓶，对于瓶装茶来说不算贵，但你可以得到一个免费的玻璃瓶，不必担心回收的问题。

(2) 在包装盒上加上小小的修饰   有时你的包装印刷是非常标准化的，而加上一些小小的修饰就能让它与众不同。AMY'S KITCHEN 公司在其意大利面食沙司生产线上就做了这样的改动。沙司包装采用标准尺寸的罐子，贴的也是标准的彩色标签。而使它从一大堆产品里区别开来的是它的用纸和罐盖上的一圈金色的环。那模样就像祖母包装成似的，所以当你走过货架时想不留意它都难。

(3) 把包装设计放在第一位   许多人认为应该把产品放在第一位，包装放在第二位。但 METHOD PRODUCTS 公司却恰恰相反。他们从一开始就把精力集中在包装的设计上，想设计一种漂亮的包装，你不必再把它藏起来遮丑。他们设计了一系列优质的清洗用品和包装，可以像装饰品一样摆放在厨房，或者浴室。这些产品摆在超市里非常显眼。

(4) 把包装盒设计得有趣   有趣的包装并非只是儿童的专利，成年人也喜欢有趣的东西。儿童产品包装的主流设计风格，如明亮的颜色，不同一般的形状，一样可以用在成人产品的包装设计上，只再精致些便可。首先在包装设计上融入"趣味"元素的行业是制酒业。你只要花点时间逛逛当地的小商店，你就可以发现许多酒瓶的标签上面印有马、企鹅、袋鼠、青蛙、天鹅等。不用准备一个企鹅形的瓶子，只要在上面印一个企鹅就足够让它引人注目的了。

二、绿色食品及绿色食品的标志

绿色食品（Green food）是指产自优良生态环境、按照绿色食品标准生产、实行全程质量控制并获得绿色食品标志使用权的安全、优质食用农产品及相关产品。绿色食品标志由特定的图形来表示，如图 1-36 所示，绿色食品标志图形由三部分构成：上方的太阳、下方的叶片和中间的蓓蕾，象征自然生态。标志图形为正圆形，意为保护、安全。颜色为绿色，象征着生命、农业、环保。AA 级绿色食品标志与字体为绿色，底色为白色；A 级绿色食品标志与字体为白色，底色为绿色。整个图形描绘了一幅明媚阳光照耀下的和谐生机，告诉人们绿色食品

图 1-36   绿色食品标志

是出自纯净、良好生态环境的安全、无污染食品，能给人们带来蓬勃的生命力。绿色食品标志还提醒人们要保护环境和防止污染，通过改善人与环境的关系，创造自然界新的和谐。

根据《绿色食品标志管理办法》规定，绿色食品标志的使用必须具备以下条件：①产品或产品原料的产地必须符合绿色食品的生态环境标准。②农作物种植、畜禽饲养、水产养殖及食品加工必须符合绿色食品的生产操作规程。③产品必须符合绿色食品的质量和卫生标准。④产品的标签必须符合中国农业部制定的《绿色食品标志设计标准手册》中的有关规定。绿色食品的标志为绿色正圆形图案，上方为太阳，下方为叶片与蓓蕾，标志的寓意为保护。

在许多国家，绿色食品又有着许多相似的名称和叫法，诸如"生态食品""自然食品""蓝色天使食品""健康食品""有机农业食品"等。由于在国际上，对于保护环境和与之相关的事业已经习惯冠以"绿色"的字样，所以，为了突出这类食品产自良好的生态环境和严格的加工程序，在中国，统一被称作"绿色食品"。

绿色食品是指在无污染的条件下种植、养殖，施有机肥料，不用高毒性、高残留农药，在标准环境、生产技术、卫生标准下加工生产，经权威机构认定并使用专门标识的安全、优质、营养类食品的统称。

伴随着中国国民经济的显著增长和全球经济一体化的发展，以及中国从"温饱"型社会向"小康"型社会的成功转型，人们对农产品和食品质量的要求越来越高，尤其是无公害食品、绿色食品的要求。

从行业发展上看，目前国内绿色食品市场总体上仍处于导入期。随着我国人民生活水平的提高和消费理念的转变，以及环境污染和资源浪费问题的日益严峻，有利于人们健康的无污染、安全、优质营养的绿色食品已成为时尚，越来越受到人们的青睐。开发绿色食品已具备了深厚的市场消费基础。未来，绿色食品无论在国内还是国外，开发潜力都十分巨大。

三、条形码

1. 条形码的概念

条形码或条码（barcode）是将宽度不等的多个黑条和空白，按照一定的编码规则排列，用以表达一组信息的图形标识符，如图 1-37 所示。常见的条形码是由反射率相差很大的黑条（简称条）和白条（简称空）排成的平行线图案。条形码可以标出物品的生产国、制造厂家、商品名称、生产日期、图书分类号、邮件起止地点、类别、日期等信息，因而在商品流通、图书管理、邮政管理、银行系统等许多领域都得到了广泛的应用。

图 1-37　条形码

2. 条形码的识别原理

要将按照一定规则编译出来的条形码转换成有意义的信息，需要经历扫描和译码两个过程。物体的颜色是由其反射光的类型决定的，白色物体能反射各种波长的可见光，黑色物体则吸收各种波长的可见光，所以当条形码扫描器光源发出的光在条形码上反射后，反射光照射到条码扫描器内部的光电转换器上，光电转换器根据强弱不同的反射光信号，转换成相应的电信号。根据原理的差异，扫描器可以分为光笔、CCD、激光三种。电信号输出到条码扫描器的放大电路增强信号之后，再送到整形电路将模拟信号转换成数字信号。白条、黑条的宽度不同，相应的电信号持续时间长短也不同。然后译码器通过测量脉冲数字电信号 0，1 的数目来判别条和空的数目。通过测量 0，1 信号持续的时间来判别条和空的宽度。此时所得到的数据仍然是杂乱无章的，要知道条形码所包含的信息，则需根据对应的编码规则（例如：EAN-8 码），将条形符号换成相应的数字、字符信息。最后，由计算机系统进行数据处理与管理，物品的详细信息便被识别了。

3. 条形码的扫描

条形码的扫描需要扫描器，扫描器利用自身光源照射条形码，再利用光电转换器接收反射的光线，将反射光线的明暗转换成数字信号。不论是采取何种规则印制的条形码，都由静区、起始字符、数据字符与终止字符组成。有些条码在数据字符与终止字符之间还有校验字符。

4. 条形码技术的优点

条形码是迄今为止最经济、实用的一种自动识别技术。条形码技术具有以下几个方面的优点。

（1）输入速度快　与键盘输入相比，条形码输入的速度是键盘输入的 5 倍，并且能实现"即时数据输入"。

（2）可靠性高　键盘输入数据出错率为三百分之一，利用光学字符识别技术出错率为万分之一，而采用条形码技术误码率低于百万分之一。

（3）采集信息量大　利用传统的一维条形码一次可采集几十位字符的信息，二维条形码更可以携带数千个字符的信息，并有一定的自动纠错能力。

（4）灵活实用　条形码标识既可以作为一种识别手段单独使用，也可以和有关识别设备组成一个系统实现自动化识别，还可以和其他控制设备联接起来实现自动化管理。

另外，条形码标签易于制作，对设备和材料没有特殊要求，识别设备操作容易，不需要特殊培训，且设备也相对便宜。

四、包装防伪技术

随着市场经济的繁荣发展，大批品牌和畅销产品不断涌现，满足了人们物质文化生活的需要。但是，伴随着品牌产品的高知名度、高市场占有率和高效益，使得一些不法之徒干起制假、卖假等违法勾当，使得大量的假冒伪劣产品充斥市场，这主要涉及大量产品的商标、标识和包装，如图 1-38 所示。各个生产厂家为了保证自己的产品不被别人冒用，采用了许多防伪包装技术和方法，以此来达到保护自己产品和维护消费者利益的目的。

图 1-38　"山寨"可乐

所谓防伪包装就是借助于包装，防止商品从生产厂家到经销商，以及从经销商到消费者手中的流通过程中被人为有意识窃换和假冒的技术和方法。防伪包装目前有两种方式，一种是直接把标贴在包装上，一种是与包装融合为一体，也就是防伪包装一体化。防伪理论有两种，技术防伪包装理论和经济防伪包装理论。前者是传统得到防伪理论，其核心内容是"技术越复杂、越先进，其包装防伪效果越好"。而后者是最新的防伪包装理论，其核心内容是"投资越大，防伪效果越好，一个好的防伪包装是由许多环节组成的，每一个环节都应有很好的防伪效果"。

项目二　固体包装

任务一　　充填技术

能力（技能）目标	知识目标
1. 能够正确分析出冲剂、面粉、薯片、香烟等采用的充填方法。	1. 了解固体物料的定义以及分类。
2. 能够正确分析出冲剂、面粉、薯片、香烟等采用的充填过程。	2. 掌握固体物料充填方法。
3. 正确操作固体充填机的能力。	3. 了解固体物料充填的特点及适用范围。
4. 具有团队合作精神。	4. 掌握常见固体的充填过程和相关充填方法的应用。

　　充填是指将产品（待包装物品）按照要求的数量放到包装容器内的过程，典型的充填产品包装如图 2-1 所示。充填在包装过程中处于中间工序，在充填前还有容器成型、清洗、消毒、干燥和排列，充填后有密封、封口、贴标和打印等。由于产品（待包装物品）种类繁多、形态各异（如液体、粉粒状和块体等），包装容器也是形式繁多、用材各异（如袋、盒、箱、杯、盘、瓶、罐等），因此就形成了充填技术的复杂性和应用的广泛性。根据所能适应产品物态的不同，可把充填技术分为固体类产品充填和液体类产品充填两大

图 2-1　典型产品的充填

类。而对于液体充填一般称为灌装，将在项目三再做讨论。

固体物料的范围很广，种类繁多，形态和物理、化学性质也有很大的差异，导致其充填方法也是多种多样，其中决定充填方法的主要因素是固体物料的形态、黏性及密度的稳定性等。

固体物料按物理形态可分为粉末状物料、颗粒状物料、块状物料；按其黏度可分为非黏性物料、半黏性物料和黏性物料，其特点如下：

（1）非黏性物料 流动性好，几乎没有黏附性，倾倒在平面上，可以自然堆成圆锥形，这类物料最容易填充，如谷堆、咖啡、粒盐、砂糖、茶叶等。

（2）半黏性物料 流动性较差，有一定的黏附性，在充填时易搭桥或起拱，充填比较困难，如面粉、奶粉、洗衣粉、药粉等。

（3）黏性物料 流动性差，黏附性大，易黏结成团，并且易黏附在充填设备上，充填极困难，例如：红糖粉、蜜饯果脯及一些化工原料等。

第一节 容积充填

容积充填是将物料按预定容量充填到包装容器内的操作过程。容积充填设备结构简单、速度快、生产率高、成本低，但计量精度低。适用于充填视密度比较稳定的粉末状和小颗粒状物料，或体积比重量更重要的物料。

1. 量杯充填

量杯充填是采用定量的量杯量取物料，并将其充填到包装容器内，充填时，物料靠自重自由地落入量杯，刮板将量杯上多余的物料刮去，然后再将量杯中的物料在自重作用下充填到包装容器中。适用于充填流动性能良好的粉末状、颗粒状、碎片状物料。对于视密度稳定的物料，可采用固定式量杯，对于视密度不稳定的物料，可采用可调式量杯。该充填方法充填精度较低，特别适合于流动性好的颗粒状物料如稻谷、去污粉、冲剂等，并且可实现高速充填。

量杯的结构有转盘式、转鼓式、插管式3种。

（1）转盘式量杯充填 转盘式量杯充填装置如图2-2所示，量杯由上量杯4和下量杯5组成。旋转的料盘3上均布若干个量杯，料盘在转动过程中，料斗1内的物料靠自重落入量杯内，并且刮板2刮去量杯上面多余的物料；当量杯转到卸料工位时，由凸轮10打开量杯底部的底门6，物料靠自重经卸料槽7充填到包装容器8内。旋转手轮9可通过凸轮使一下量杯的连接支架升降，调节上下量杯的相对位置，从而实现容积调节。

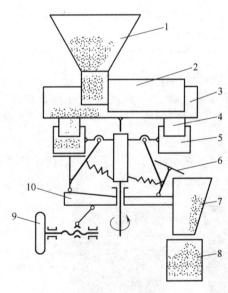

图 2-2 量杯充填

1—料斗 2—刮板 3—料盘 4—上量杯
5—下量杯 6—底门 7—卸料槽
8—包装容器 9—手轮 10—凸轮

有的量杯充填系统带有反馈系统或称重检验系统，能对充填量进行抽样检测，并能自动调节量杯的容器，以纠正因物料密度变化而引起的质量误差。

（2）鼓轮式定容充填　又称定量泵式定容充填。鼓轮的外缘有数个计量腔，鼓轮以一定转速回转，当转到上位时，计量腔与进料斗相通，物料靠自重流入计量腔；当转到下位时，计量腔与出料口相通，物料靠自重流入包装容器。计量腔容积有定容积型和可调容积两种，适用于视密度比较稳定的粉末状物料的填充。

（3）插管式容积充填　是利用插管量取产品，并将其充填到包装容器中。充填时，先将插管插入储料斗中，插管内径较小，可以利用粉末之间及粉末与壁之间的附着力上料，然后提起插管，转到卸料工位，再由顶杆将插管内的物料充填到包装容器中，适用于充填带有粘附性的粉末状物料，如充填小容量的药粉胶囊。计量范围为 400～1000mg，误差约 7%。

2. 螺杆充填

螺杆充填通过控制螺杆旋转的圈数或时间量取物料，并将其充填到包装容器中。充填时，物料先在搅拌器作用下进入导管，再在螺杆旋转的作用下通过阀门充填到包装容器内。螺杆可由定时器或计数器控制旋转圈数，从而控制充填容量。

螺杆充填具有充填速度快、飞扬小、充填精度较高的特点，适用于流动性较好的粉末状、细颗粒物料，特别是在出料口容易起桥而不易落下的物料，如咖啡粉、面粉、药粉等。但不适用于易碎的片状、块状物料和视密度变化较大的物料。

螺杆充填过程如图 2-3 所示，料斗 1 中装有旋转的螺杆 2 和搅拌器 3。当包装容器 4 到位后，传感器发出信号使电磁离合器合上，带动螺杆转动，搅拌器将物料拌匀，螺旋面将物料挤实到要求的密度，在螺旋的推动下沿导管向下移动，直到出料口排出，装入包装容器内；达到规定的充填容量后，离合器脱开，制动器使螺杆停止转动，充填结束。螺杆每转一圈，就能输出一个螺旋空间容积的物料，精确地控制螺杆旋转圈数，就能保证向每个容器充填规定容量的物料。

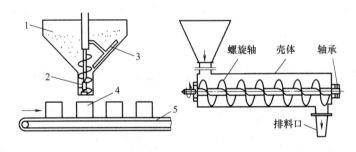

图 2-3　螺杆充填
1—料斗　2—螺杆　3—搅拌器　4—包装容器　5—传送带

3. 真空充填

真空充填是将包装容器或量杯抽真空，再充填物料。这种充填方法可获得比较高的充填精度，并且减少包装容器内氧气的含量，延长物料的保存期，还可以防止物料粉尘弥散到大气中。

真空充填有两种类型，一种是真空容器充填，另一种是真空量杯充填。

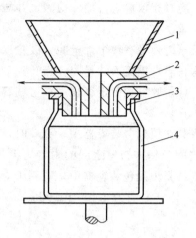

图 2-4　真空容器充填
1—料斗　2—抽气座
3—密封垫　4—包装容器

（1）真空容器充填　真空容器充填是把容器抽成真空，物料通过一个小孔流入容器。真空容器充填装置如图 2-4 所示。升降机构将包装容器 4 升起，使密封垫 3 紧紧压在容器顶部，并建立密封状态，通过抽气座 2 下部的滤网给容器抽真空，然后将料斗 1 中的物料充填到包装容器上，为了使容器内的物料充填得更紧密，多采用脉动式抽真空。最终充填容量由真空度和脉冲次数决定；基本容量由伸入容器的真空滤网深度决定，这个深度可通过改变密封垫的厚度来调节。

由于容器处于真空状态，故物料充填到容器内相当均匀、紧密，因而充填精度也比较高。这种充填方法的缺点是，充填精度要受容器容积的影响，如果容器的壁厚不等或不均匀，就会引起充填容积的变化。因此，要获得较高的充填密度，则要求每个容器都有相对恒定的容积，并有足够的硬度，使其抽真空时不内凹。如果使用非刚性容器，则应在容器外套上一个刚性密封套或放入真空箱内充填，以保证充填过程中包装容器不塌陷、不变形，达到符合要求的充填精度。

另外，对于不同形式的物料，其最佳的真空压力是不一样的。真空度过高，某些物料会被压成粉末；真空度太低，可能达不到所需的夯实作用。总之，真空度应根据物料的特征决定。

（2）真空量杯充填　真空量杯充填又称为气流式充填。其方法是利用真空吸粉原理量取定量容积的物料，并用净化压缩空气将产品充填到包装容器内。这种充填方法属于容积充填，充填容量由量杯确定，可通过改变套筒式量杯深度的方法来调节充填容量。

这种充填方法克服了真空容器充填方法充填精度受包装容器容积变化影响的缺点；充填精度高，可达到±1%的精确度；充填范围大，可从 5mg 到 5kg；适用于粉末状物料的充填，适用于安剖瓶、大小瓶、罐，大小袋等包装容器。

充填过程如图 2-5 所示，料斗 1 在充填轮 2 的上方，量杯沿充填轮的径向均匀分布，

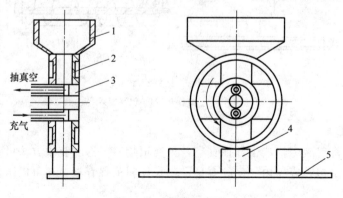

图 2-5　真空量杯充填
1—料斗　2—充填轮　3—配气阀　4—包装容器　5—输送带

并通过管子与充填轮中心连接，充填轮中心有一个圆环形配气阀，用于抽真空和进空气。充填时，充填轮作匀速间歇转动，当轮中量杯口与料斗接合时，恰好配气阀也接通真空管，物料被吸入量杯；当量杯转位到包装容器上方时，配气阀接通气管，量杯中的物料被净化压缩空气吹入包装容器中，完成充填。

4. 定时充填

定时充填，是通过控制物料流动时间或调节进料管流量来量取产品，并将其充填到包装容器中。它是容积充填中，结构最简单、价格最便宜的一种，但充填精度一般较低。可作为价格较低物料的充填，或作为称重式充填的预充填。

（1）计时振动充填　计时振动充填装置如图 2-6 所示。料斗 1 下部连有一个振动托盘进料器 2，进料器按规定时间振动，将物料直接充填到包装容器中。充填容器由振动时间控制，通过改变进料速率、进料时间或振动盘进料器的倾角，可以调节充填容量；进料速率用改变振动器 3 的频率或振幅的方法来控制；进料时间由定时器 5 控制。

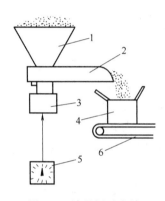

图 2-6　计量振动充填
1—料斗　2—振动盘进料器
3—振动器　4—包装容器
5—定时器　6—传送带

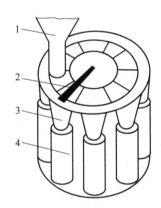

图 2-7　等流量充填
1—进料管　2—刮板
3—出料斗　4—包装容器

计量振动充填适用于各种固体物料，如粉末状物料、小食品一类的松脆物料以及蔬菜加工中的一些大的松散颗粒料或磨料等。

（2）等流量充填　等流量充填装置如图 2-7 所示。物料以均匀恒定的流速落下，通过进料斗落入进料管 1，再经过出料斗 3 进入包装容器 4，这样可以防止物料漏损。

充填容量由物料流动时间控制。由于物料是等流量流动，在相同时间内，各容器的充填容量基本可以保持一致。

在充填过程中，容器移动速度及物料流速的变化都会影响充填容量，容器移动太慢，会使充填过量，容器移动太快，又会使充填不足。

为了保持物料在料斗中的料位，使物料稳定地流入容器，可采用振动或螺杆送料机构；为防止物料结团或结块，可添加搅拌装置。

5. 倾注式充填

倾注式充填过程如图 2-8 所示，物料以瀑布式流入敞口容器中。容器在下落的物料流中随输送带移动，并得到充填。位置Ⅰ：物料在振动中逐渐充填到包装容器中，这样可以使物料充填紧密；位置Ⅱ：使容器有一定倾斜角，以控制充填容量，外溢的物料又回到充填的物料流中；位置Ⅲ：充填结束，各容器中的物料的密度、充填容量基本上能保持均匀一致。

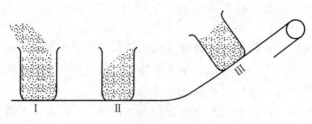

图 2-8 倾注式充填

在充填过程中，充填容量由容器移动速度、倾斜角度、振动频率及振幅决定。倾注式充填可实现高速充填，适用于各种流动性物料的充填。

第二节 称 重 充 填

称重充填是将物料按预定质量充填到包装容器的操作过程。其充填精度主要取决于称量装置系统，与物料密度无关，故精度高，如果称量秤制造精确，计量准确度可达 0.1%。但称重充填的生产率低于容积充填。

称重充填适用范围很广，特别适用于充填易吸潮、易结块、粒度不均匀、流动性能差、视密度变化大及价值高的物料。称重充填分为两种：净重充填和毛重充填。

1. 净重充填

净重充填是先称出规定质量的物料，再将其填到包装容器内。其特点是称重结果不受容器皮重变化的影响，是最精确的称重充填法。但其充填速度低，所用设备价格高。

净重充填广泛用于要求充填精度高及贵重的、流动性好的固体物料，还用于充填酥脆易碎的物料，如膨化玉米、油炸土豆片等。特别适用于质量大且变化较大的包装容器。尤其适用于对柔性包装容器进行物料充填，因为柔性容器在充填时需要夹住，而夹持会影响称重。

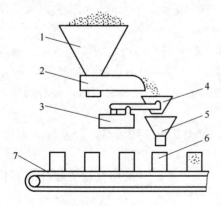

图 2-9 净重充填

1—储料斗 2—进料器 3—计重秤 4—秤盘
5—落料斗 6—包装容器 7—传送带

净重充填装置如图 2-9 所示。物料从储料斗 1 经进料斗 2 连续不断地送到秤盘 4 上称重；在达到规定的质量时，就发出停止送料的信号，称好的物料从秤盘上经落料斗 5 落入包装容器 6。净重的计量一般采用机械秤或电子秤，用机械装置、光点管或限位开关来控制规定重量。

为达到较高级的充填精度，可采用分级进料的方法，先将大部分物料快速落入秤盘上，再用微量进料装置，将物料慢慢倒入秤盘上，直至达到规定的质量。也可以用电脑控制，对粗加料和精加料分别称重、记录、控制，做到差多少补多少。采用分级进料方法可提高充填速度，而且阀门关闭时，落下的物料流可达到极小，从而提高了充填精度。

由于计算机系统应用到称重充填系统中，产品称重计量方法发生了巨大变化，计量精度也有了很大的提高。计算机组合净重称重系统，采用多个称量斗，每个称量斗充填整个净重的一部分，微处理机分析每个斗的质量，同时选择出最接近目标重量的称量斗组合。由于选择时产品全部被称量，消除了由于产品进给或产品特性变化而引起的波动，因此，计量非常准确。特别适用于包装尺寸和重量差异较大的物料，如快餐、蔬菜、贝类食品等的充填包装。

2. 毛重充填

毛重充填是物料与包装容器一起被称量。在计量物料净重时，规定了容器质量的容许误差，取容器质量的平均值。毛重充填装置结构简单，价格较低，充填速度比净重充填速度快，但充填精度低于净重充填。

毛重充填适用于价格一般的流动性好的固体物料，流动性差的粘性物料，如红糖，糕点粉等的充填，特别适用于充填易碎的物料。由于容器质量的变化会影响充填精度，所以，毛重充填不适用于包装容器质量变化较大，或物料质量占包装件质量比例很小的包装。

毛重充填装置如图 2-10 所示，储料斗 1 中的物料经进料器 2 与落料斗 3 充填进包装容器 4 内，同时计量秤 5 开始称重，当达到规定质量时停止进料，称得的质量是毛重。

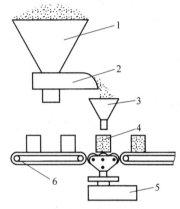

图 2-10　毛重充填
1—储料斗　2—进料器　3—落料斗
4—包装容器　5—计量秤　6—传送带

为了提高充填速度和精度，可采用容积充填和称重充填混合使用的方式，在粗进料时，采用容积式充填以提高充填速度，细进料时，采用称重充填以提高充填精度。

第三节　计 数 充 填

计数充填是将物料按预定数目填充到包装容器的操作过程，它在形状规则物品的包装中应用甚广，适用于充填块状、片状、颗粒状、条状、棒状等形状规则的物品，也适用于包装件的二次包装，如装盒、裹包等。

计数充填是将产品按预定数目装入包装容器的操作过程，在被包装物料中有很多形状规则的产品。这样的产品，大多是按个数进行计量和包装的。如 20 支香烟一包，10 小包茶叶一盒，100 片药片一瓶等。因此，计数充填在形状规则物品的包装中应用甚广，适于充填块状、片状、颗粒状、条状、棒状、针状等形状规则的物品，如饼干、糖果、胶囊、铅笔、香皂、纽扣、针等。计数充填法分为单件计数充填和多件计数充填两种。

1. 单件计数充填

单件计数充填是采用机械、光学、电感应、电子扫描等方法或其他辅助方法逐件计算产品件数，并将其充填到包装容器中。

单件计数充填装置结构比较简单。例如用光电计数器进行计数的充填装置，物品由传送带或滑槽输送，当物品经过光电计数器时，将光电计数器的光线遮断，表明有一件物品通过检测区，计数电路进行比较，并由数码管显示出来，同时物品被充填到包装容器中，当达到规定的数目时，发出控制信号，关闭闸门，从而完成一次计数充填包装。

2. 多件计数充填

多件计数充填是利用辅助或计数板等，确定产品的件数，并将其充填到包装容器内。产品的规格、形状不同，计数充填的方法也不同。常将物品分为有规则和无规则排列两类。

（1）有规则排列物品的计数充填　有规则排列物品的计数充填是利用辅助量，如长度、面积等进行比较，以确定物品件数，并将其充填到包装容器内。常用的有长度计数、容积计数、堆积计数等。一般用于形状规则、规格尺寸差异不大的块状、条状或成盒、成包物品的充填。

① 长度计数充填。长度计数充填是将物品叠起来，根据测得的长度或高度确定物品的件数。当物品达到规定的长度或高度时，由挡块、传感装置发出信号，将物品推入或落入包装容器内。长度计数充填适用于由固定厚度的扁平产品，如饼干、糕点、垫圈的装盒或包装件的二次包装。

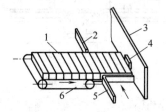

图 2-11　长度计数充填
1—物品　2、3—挡板
4—触点开关　5—推板　6—传送带

长度计数充填装置如图 2-11 所示。排列有序的规则块状物品 1 经过传送带 6 输送到计量机构；当前端的物品接触到挡板 3 上安装的触点开关 4 时，触点开关受压迫，发出信号，指令横向推板 5 动作，将挡板 2、3 之间的物品推入包装容器；横向推板的长度就是规则数量物品的长度。所以，调节推板的长度就可以调整被充填物品的数量，通常推板长度略小于规定数量物品的叠合长度。

② 容积计数充填。容积计数充填是将物品整齐排列到计量箱中，当充满计量箱时，打开闸门将产品推入或落入包装容器内。计量箱的容积即为规定数量物品的体积。适用于等径等长的棒状物品及规则的颗粒状物品的包装，如等径等长的棒状小食品、香烟、火柴等。

容积计数充填装置如图 2-12 所示。物品整齐地水平置于料斗 1 内。振动器 2 使料斗振动，以免架桥，并促使物品顺利的下落而充满计量箱 4；当物品充满计量箱时，即达到了所规定的计量数目；这时关闭闸门 3，隔断料斗与计量箱的通道，同时将计量箱底门 5 打开，物料落入包装容器。由于每件物品的体积基本相同，所以有容器确定的物品数目可达到大致相同。

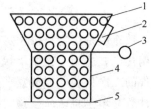

图 2-12　容积计数充填
1—料斗　2—振动器　3—闸门
4—计量箱　5—底门

容积计数充填，方法简单，充填装置结构简单，但计量精度低。一般适用于价格低廉，计量精度不高的物品的包装。

③ 堆积计数充填。堆积计数充填，是从几个料斗中分别提取一定数量（等量或不等量）的物品，依次充填到同一个包装容器中，完成一次计数充填包装。堆积计数充填主要用于几种不同品种物品的组合包装，如颜色、形状、式样、尺寸有所差异的物品的计数充填包装。

堆积计数充填装置如图 2-13 所示。工作时，包装容器 2 在托体的带动下，做间歇运动，且与组合料斗 1 中的上下推头协同工作。组合料斗共分四个料斗，每个料斗装有一种颜色的物品。当容器移动到第 1 个料斗下时，推头将一红色物品推入包装容器中，然后容器继续前进，到第 2 个料斗下，又将一黄色物品推入包装容器中。这样依次动作，容器移动 4 次，完成一个容器的计数充填。

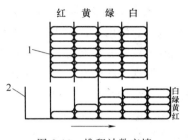

图 2-13　堆积计数充填
1—组合料斗　2—包装容器

（2）无规则排列物品的计数充填　无规则排列物品的计数充填，是利用计数板，从杂乱的物品中直接取出一定数目的物品，并将其充填到包装容器中。可以一次充填得到规定数量的物品，也可以多次充填得到规定数量的物品。适用于难以排列的颗粒状物品的计数充填。

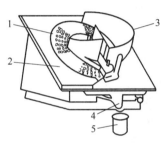

图 2-14　转盘计数充填
1—计量盘　2—底板　3—防护罩
4—落料槽　5—包装容器

① 转盘计数充填。转盘计数充填是利用转盘上的计数板对物品进行计数，并将其充填到包装容器内。每次充填物品的数目由转盘在充填区域中计数板的孔数决定。适用于形状规则的颗粒物料，如药片、巧克力糖、钢珠、纽扣等。

转盘计数充填装置如图 2-14 所示。物料装在由防护罩 3 和底板 2 组成的料斗中。计量盘 1 上有三组计量孔，成 120°分布。孔是通孔，孔径略大于物料；每组计量孔的数目与一次充填物料要求的数量相同，每个孔可容纳一颗物料；底板固定不动，在卸料区域，底板上开有与一组计量孔面积相同的扇形开口，其下部是落料槽 4；整个给料装置是倾斜安装的。计量盘作连续回转，当计量盘转动时，在料斗中物料由于与转盘相接触而被搅动，物料进入计量盘的一组计量孔内，每孔一个物料。其余的物料被刮板挡住；装入计量孔中的物料随计量盘一起转动。当该组物料到达卸料区域，由于底板上开有扇形开口，物料失去依托，在重力作用下，从底板上的扇形开口，经落料槽进入包装容器 5 中。

当物料尺寸变化或每次充填数量改变时，可以更换相应尺寸和形状的计量盘。

② 转鼓式计数充填。转鼓式计数充填是利用转鼓上的计数板对物品进行计数，并将其充填到包装容器中。其计数原理与转盘基本相同，只是计数板均布在鼓上。转鼓式计数充填适用于直径比较小的颗粒物品的计数充填包装，如糖豆、钢球、纽扣等。

转鼓式计数充填装置如图 2-15 所示。在转鼓 3 圆柱表面上均匀分布有数组计量孔，其孔为盲孔。转鼓作连续回转，当转鼓转到计量孔与料斗 1 相通时，物料依靠搓动和自重进入计量孔中。当该组计量孔带着定量的物料随鼓转到出料口时，物料靠自重经落料斗 4 落入包装容器 5 内。

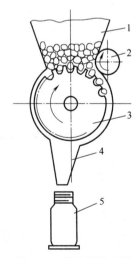

图 2-15　转鼓计数充填
1—料斗　2—拨轮　3—计数鼓轮
4—落料斗　5—包装容器

③ 履带计数充填。履带计数充填是利用履带上的计数板对物品进行计数，并将其充填到包装容器内。适用于形状规则的片状、球状物品的计数充填包装。

履带计数充填装置如图 2-16 所示，计数板为条形，其上有计量孔，孔为上大下小的通孔。根据需要将有孔的板条与无孔的板条相间排列成计数履带 3，在链轮带动下进行移动。当一组计量孔行经料斗 1 下面时，物品由料斗靠自重和振动器 8 的作用落入计量孔中，并由拨料毛刷 2 将多余的物品拨去。该组计量空孔带着定量的物品继续移动，当到达卸料区域时，借助鼓轮的径向推头 5 的作用，将物品成排地从计量孔中推出，并经落料斗 6 进入包装容器 7 中。

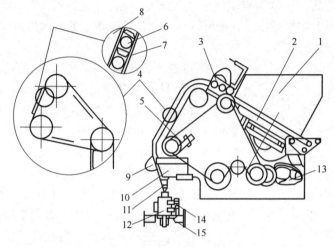

图 2-16　履带计数充填

1—料斗　2—振荡机械　3—上部毛刷　4—计数板　5—片模板　6—药片　7—光板　8—撞击机构
9—吸粉前罩　10—隔板箱　11—下片斗　12—分装容器　13—下部毛刷　14—挡瓶板　15—输送带

形状规则的物品品种、类型很多，其计数充填的方法也很多，除上述介绍的几种外，还有很多，如推板式计数充填、板条式计数充填、格盘式计数充填、拾放式计数充填等。

在选择计数充填方法时，应综合考虑物品的形状、规格、特性、价值、计量精度等因素。

第四节　袋成型包装充填机图例

一、颗粒料制袋充填封口机

图 2-17 为适用于颗粒料的制袋充填封口生产设备示意图。它巧妙地组合了各种供送料装置，实现了制袋、充填、封口的自动化，其生产速度为 300 袋/min。

卷筒复合材料经三角板成型器 1，对折后即由热封器 2、4 完成纵封和底封，光电管 3 用于对准套印位置。经过滚刀 6 的切割，空袋逐个分开，由真空吸气传送带 7 牵引袋前移，使其上沿进入复式同步齿形带 8，然后由主传送链上的夹钳 10 夹住袋口两侧角，并使袋子在吸气转轮及喷嘴 9 作用下张开袋口，并送到充填转盘 11 的下方进行定量充填，最后由横封器 12 封口并送出。

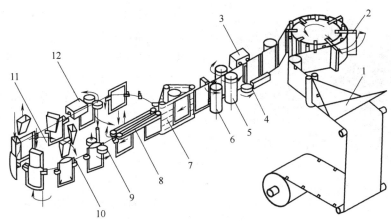

图 2-17　颗粒料制袋充填封口生产设备示意图

1—三角板成型器　2—纵封转盘　3—反射式光电传感器　4、12—预热及横封装置

5—牵引辊　6—滚刀　7—真空吸气传送带　8—复式同步齿形带

9—真空吸气转轮及喷嘴　10—袋子夹钳　11—计量充填转盘

二、真空包装回转式充填封口机

如图 2-18 所示，为真空包装回转式充填封口机示意图。

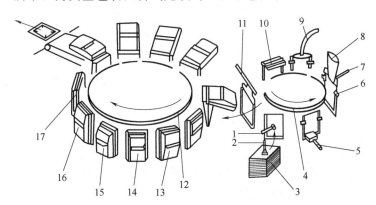

图 2-18　真空包装回转式充填封口机示意图

1—上袋吸头　2—取袋吸头　3—贮袋库　4—充填转盘　5—打印器　6—夹袋手　7—开袋吸头

8—加料管　9—加液管　10—预封器　11—送袋机械手　12—真空密封转盘

13—第一级真空室　14—第二级真空室　15—热封室　16、17—冷却室

预制成型袋存于料库 3 内，由真空吸嘴 2 吸取并转至直立位置，送至充填转盘 4 上的夹袋器 6 中。接下工位为打印生产日期、开袋、加料（固体料和汤料）、预封等。然后借机械手 11 将其移送到真空密封转盘 12 的真空室内，经过二次抽真空后最终加热封口和冷却。最后打开真空室，包装袋送出机外。

图 2-19 为一种回转式真空袋包装机实物照片。

此机型所含的充填作业台有 10 个工位，连续式真空转台有 12 个工位。首先充入 90%～95% 的物料量，经称量后再由脉冲计算器计量补入其余量。袋的尺寸和目标重量可

图 2-19　回转式真空袋包装机实例

方便地改变。适用的物料有粉末状药品、化工产品、食品等。

此机器有以下特性：生产速度 20～30 袋/min，充填重量 50～1000g，袋尺寸长小于 330mm，宽 100～230mm，脉冲加热封口。

另有作业安全设计，确保无袋或胀袋不充分时不充填，气压不正常和加热器超高温会发出警报。

除主机外当然还有配套装置：真空泵、检重器、计数器、不合格品剔除器等。

任务二　真空充气包装技术 🔍

能力（技能）目标	知识目标
1. 能够正确的判断腊肉制品、酱菜食品等采用的包装技术。	1. 掌握真空包装的定义，并了解其目的、原理和特点。
2. 具有分析食品真空充气包装方法的能力。	2. 掌握真空与充气的方法。
3. 具有正确操作真空充气包装设备的能力。	3. 了解充气包装的配气原理并掌握其配气方法。
4. 具有正确分析真空与充气包装材料性能并能正确选用的能力。	4. 熟悉真空包装的设备类型。

食品的品质容易受到包装内气体环境的影响，如空气中的氧气会引起食品的腐败变质。改善和控制气氛包装的实质就是降低包装内部的氧含量或保持内部的理想气体组成，以保证食品的品质，延长保质期。目前，改善和控制气氛包装已经在食品包装中得到了广泛的应用，如图 2-20 所示。最常用的方法有：真空包装、充气包装和脱氧包装。本项目主要讲前两种方法。

图 2-20　常见的气调包装

第一节　真 空 包 装

一、真空包装简介

食品真空包装是把被包装食品装入气密性包装容器前抽真空，使密封后的容器内达到预定真空度的一种包装方法。常用的包装容器有金属罐、玻璃瓶、塑料及其复合薄膜等软包装容器。其特点是：氧分压低、水汽含量低。食品内部气体或其他挥发性气体易向空中扩散，这样能防止油脂氧化、维生素分解、色素变色和香味消失；能抑制某些霉菌、细菌的生长和防止虫害；排除了包装内部气体，能加速热量的传导，提高了高温杀菌效率，还能避免包装膨胀破裂；进行冷冻后，表面无霜，可保持食品本色，但也往往造成折皱。

真空包装技术用于玻璃和金属罐的食品包装已有百余年的历史，这两种包装容器的气密性极好，只要封口的密封性可靠，可以长期地贮存食品。20 世纪 50 年代，开始采用塑料和塑料与纸和铝箔等的复合软包装材料进行真空包装，生产食品软罐头和袋装食品。这些新兴的软包装产品逐渐取代了许多种瓶装和罐装食品，特别是蒸煮袋食品和快餐食品，由于重量轻，贮运流通、食用方便而得到很快的发展，相对于传统的食品罐装技术具有很大优势，传统的罐装技术所需的工艺设备复杂，包装材料重，玻璃瓶罐则容易破损，金属罐则易锈蚀，对食品的流通和消费带来许多不便。随着市场对包装食品的保质期和质量要求越来越高，食品的真空包装将会得到更广泛的应用。

真空包装的目的是为了减少包装内氧气的含量，防止包装食品的霉腐变质，保持食品原有的色、香、味并延长保质期。附着在食品表面的微生物只有在氧存在的条件下才能繁殖，真空包装则使微生物的生长繁殖失去条件。

对于微生物来说，当 O_2 浓度为 1% 时，它的繁殖速度急剧下降，在 O_2 浓度为 0.5% 时，多数细菌将受到抑制而停止繁殖。另外，食品的氧化、变色和褐变等变质反应都与氧有密切相关。对油脂食品的氧化变质，当 O_2 浓度低于 1% 时也能有效地控制油脂的氧化。食品真空包装后一般还需适当杀菌和贮藏，食品经真空包装后还要经过 80℃，15min 以上的加热杀菌。

二、真空包装工艺及设备

1. 真空包装的工艺要点

真空包装的工艺流程，从成型、充填、抽真空，以至封口的每个过程，都有关键性的操作要点，必须加以注意。

（1）薄膜的选择　可以选择半刚性或柔性、进行深冲压的热塑塑料薄膜，或其他不同类型的薄膜材料作为底膜。

（2）薄膜传送和加热　把薄膜从薄膜卷筒托架传送到加热成型区进行冲压成型之前，可以通过接触式加热板对底膜进行加热，加热的形式可分为两种，分别为单面底部预热和双面夹层预热。

在这个过程中，薄膜最好是在真空的环境下被带入加热板，以免在薄膜与加热板之间形成空气泡，从而保证薄膜能进行均匀的深冲压成型。

（3）薄膜成型 薄膜的成型可以采用不同的冲压成型方法，包括经过滤的压缩空气深冲压、真空深拉、深冲压和深拉，以及利用塞块成型等方法在凹槽内进行。其中，塞块成型方式能使拉伸后底膜的厚度均匀一致，确保包装的质量。与此同时，塞块冲膜可根据需要做专门的设计，使薄膜资源可以利用，符合现代环保的要求。

（4）产品装载 产品可以以手工或自动的形式装载在已成型的底薄膜上，产品的分份及重量的控制也在此完成。

（5）顶部薄膜的展开 将已完成印刷、贴标、喷墨标志的顶部薄膜覆盖在已成型的底薄膜上。顶部薄膜的展开可以采用不同的驱动系统来进行，如光电池驱动系统，使薄膜的张力达到最佳，这种驱动系统尤适用于部分印刷的顶部薄膜。

（6）抽真空或切换气体 顶部薄膜盖上后，随即需进行抽真空步骤。除此之外，还可以对包装物进行进一步的加工，形成气调包装和贴体包装。

（7）热压密封 真空包装的密封，普遍采用热熔化密封工艺。根据需要，可以选择不同的密封方式，其中周边密封方式是对包装的周边位置进行热封，再配合开启角落，便于消费者开启，一般应用于矩形或圆形包装物上。另外，对于那些工艺要求极高的单层薄膜，采用脉冲密封技术较为合适。

（8）切割 密封后要进行切割，可以采用不同的切割形式，如横向切割方式与纵向切割方式。

2. 真空包装机械

真空包装机械有室式、输送带式、旋转台式、插管式和热成型式五种类型，前四种用于塑料袋式真空包装或真空充气包装，热成型式用于塑料盒式真空包装。

（1）室式真空包装机 室式真空包装机的形式有台式、单室式和双室式三种，其基本结构相同，由真空室、真空和充气（或无充气）系统和热封装置组成。室式真空包装机的工作原理如图 2-21 所示，将已经装好物品的包装袋放入真空室内，合上真空室盖，开启真空泵和抽气阀，抽去真空室内的空气，达到预定的真空度后，再打开充气阀，充入所需的保护气体，然后合拢热封装置，将包装袋口封住。室式真空包装机最低绝对气压为 1～2kPa。

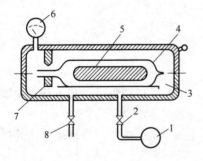

图 2-21 室式真空包装机的工作原理
1—真空泵 2、8—阀门 3—腔室
4—包装袋 5—被包装物
6—真空表 7—热风器

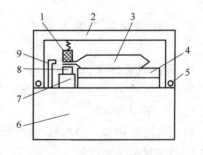

图 2-22 真空室结构示意图
1—橡胶垫板 2—真空室盖 3—包装袋
4—活动垫板 5—密封垫 6—箱体
7—加压装置 8—热封杆 9—充气管嘴

图 2-22 所示为真空室结构示意图，真空室后端装有管道连接真空泵。操作时，放下真空室盖，即通过限位开关接通真空泵的真空电磁阀进行抽真空，其室内负压使室盖紧压箱体构成密封的真空室，包装袋 3 内同时真空，然后在真空状态下，热封杆 8 和耐热橡胶垫板 1 构成的热封装置对包装袋 3 进行封口。真空室内放有活动垫板 4，可根据包装袋 3 的厚度放入或取出以改变真空室容积，调节真空泵抽气时间以提高效率。依据不同的包装要求，真空室的大小要适合各种物品规格的要求。室式真空包装机适用于手工操作，但生产率不高，且不适宜包装液体食品，否则会在包装袋水平放置时导致液体外溢。

（2）输送带式真空包装机   输送带式真空包装机是一种自动化程度和生产效率较高的机型，由传动系统、真空室、充气系统、电气系统、水冷及水洗装置、输送带、机身等组成。

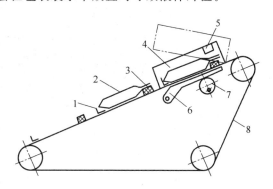

图 2-23 所示为输送带式真空包装机结构示意图，包装袋置于输送带的托架 1 上，随输送带进入真空室盖 4 位置停止，室盖 4 自动放下，活动平台 6 在凸轮 7 作用下抬起，与真空室盖 4 构成密闭真空室，随后进行抽真空和热封操作。操作完毕，活动平台 6 降下而真空室盖 4 升起，输送带将包装袋送出机外。

图 2-23   输送带式真空包装机结构示意图
1—托架 2—包装袋 3—耐热橡胶垫 4—真空室盖
5—热封杆 6—活动平台 7—凸轮 8—输送带

输送带式真空包装机通常是把许多物品同时送入真空室，因而能够实现批量生产，提高了工作效率。其输送带可作一定角度的调整，使被包装物品在倾斜状态下完成包装工作，故特别适用于粉状、糊状及有液汁的包装物品，在倾斜状态下包装物品不易溢出袋外。

（3）旋转台式真空包装机   旋转台式真空包装机是一种自动化程序非常高的多工位真空包装机，其特点是在转盘上有多个旋转的真空室，分别完成从充填到抽真空的多道工序，因此能自动、连续、高效地进行生产。主要适用于包装软罐头，如家禽、肉类、蔬菜、水果软罐头等。

图 2-24 所示为旋转台式真空包装机工作示意图，该机由填充和抽真空两个转台组成，两转台之间装有机械手，自动将已充填物料的包装袋送入抽真空转台的真空室。填充转台有 6 个工位，自动完成供袋、打印、张袋、填充固体物料、注射汤汁 5 个动作；抽真空转台有 12 个单独的真空室，包装袋在旋转 1 周经过多个工位后完成抽真空、热封、冷却到卸袋的动作。

（4）插管式真空包装机   插管式真空包装机最大特点是没有真空室，操作时将包装袋套在吸管上，直接对塑料袋抽气或抽气－充气。此机型省去真空室后使结构大大简化，体积小，质量轻；同时抽真空及充气时间的缩短使生产率明显提高，但真空度不及室式真空包装。

图 2-25 所示为插管式真空充气包装机工作示意图，从包装袋 5 的袋口插入排气管，开启阀门 1，真空泵进行抽真空，在包装袋口两侧用海绵垫 3 将袋内的空气排除，达到预定真空度后进行封口，完成真空包装。若需充气，则在抽真空后，关闭阀门 1，开启阀门 2 进行充气。

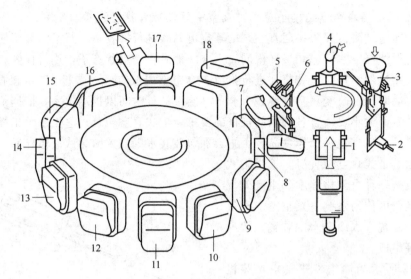

图 2-24　旋转台式真空包装机工作示意图

1—取袋　2—打印　3—开袋充填　4—灌装　5—空工序　6—转移　7—接袋　8—闭盖

9—预抽真空　10—第一次抽真空　11—保持真空　12—第二次抽真空　13—密封

14—自然冷却　15—第二次冷却　16—进气　17—出袋　18—准备工位

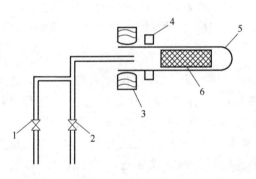

图 2-25　插管式真空充气包装机工作示意图

1、2—阀门　3—海绵垫　4—热封器

5—包装袋　6—被包装物

（5）热成型真空包装机　热成型真空包装机结构如图 2-26 所示，工作过程为：底膜从底膜卷 9 被输送链夹持送入机内，在热成型装置 1 内加热软化并拉伸成盒（杯）型；成型盒在充填部位 2 充填包装物，然后被从卷膜机 4 引出的盖膜覆盖，进入真空热封室 3 实施抽真空或抽真空－充气，再进行热封；完成热封的盒带步进经封口冷却装置 5、横向切割刀 6 和纵向切割刀 7，将数排塑料盒分割成单件送出机外，同时底膜两侧边料脱离输送链，送出机外卷收。

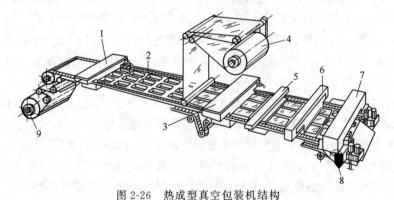

图 2-26　热成型真空包装机结构

1—热成型装置　2—充填部位　3—真空热封室　4—盖膜卷　5—封口冷却装置

6—横向切割刀　7—纵向切割刀　8—底膜边料引出　9—底膜卷

第二节　充气包装

一、充气包装简介

充气包装是在包装内填充一定比例的保护性气体，如二氧化碳、氮气等的一种包装方法，以减少包装内的含氧量，破坏微生物赖以生存繁殖的条件，延缓包装食品的生物化学变化，从而延长食品的保质期。充气包装与真空包装的区别在于真空包装仅是抽去包装内的空气来降低包装内的含氧量，而充气包装是在抽真空后立即充入一定量的理想气体，如氮气、二氧化碳等，或者采用气体置换方法，用理想气体置换出包装内的空气，充气包装常用的充填气体主要有 CO_2、N_2、O_2 及其混合气体。

（1）氧气（O_2）　一般来说，大气中的 O_2 是食品氧化和嗜氧微生物繁育致腐的不利因素，包装时应予以抽除。对于水分活性 Aw 在 0.88 以下的食品，除氧可大幅度延长食品储存期。Aw 较高的生鲜食品，除氧后也有一定的保鲜作用。包装内 O_2 降至 0.5％以下，才有杀灭霉菌的作用。图 2-27 是氧气浓度对霉菌发育的影响。

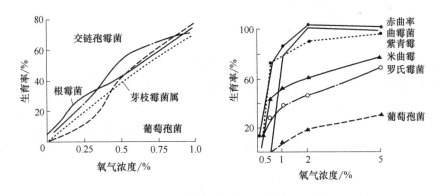

图 2-27　氧气浓度对霉菌发育的影响

此外，O_2 也是包装内虫害和金属制品大气锈蚀的不利因素，包装时应予以抽除。

但是，新鲜肉气调包装中，则要充入高浓度 O_2（60％～80％），因为 O_2 可使肉红肌蛋白氧化成氧化肌红蛋白而维持肉的鲜红颜色，有利销售；同时高浓度 O_2 可破坏微生物蛋白结构基因，使其发生功能障碍而死亡。

因此，O_2 在不同食品的气调包装中，作用与要求是不同的。

（2）氮气（N_2）　N_2 本身不能抑制食品微生物繁殖生长，但对食品也无害。N_2 只是作为包装充填剂，相对减少包装内残余氧量，并使包装饱满美观。

（3）二氧化碳（CO_2）　CO_2 是气调包装中用于保护食品的最重要的气体。CO_2 对霉菌和酶有较强的抑制作用，对嗜氧菌有"毒害"作用。高浓度 CO_2（浓度＞50％）对嗜氧菌和霉菌有明显的抑制和杀灭作用。但是 CO_2 不能抑制所有的微生物，如对乳酸菌和酵母无效。CO_2 对一些霉菌的作用如图 2-28 所示。

由于 CO_2 容易被食品中的水分和脂肪吸收使软包装塌瘪（假真空），或浓度过高引起

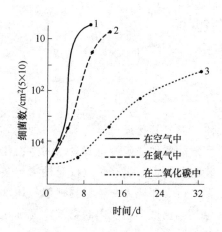

图 2-28　在 4℃储存猪肉的细菌数量增长

食品有轻微酸味，因而常掺混一定比例 N_2 使用。

对于新鲜水果蔬菜包装，高浓度 CO_2 可钝化果蔬呼吸作用而延长储存期。但浓度过高又会使植物细胞"中毒"而败坏。一般 CO_2 使用浓度为 $1\%\sim10\%$，不可高于 12%，具体比例视果蔬品种而定。

CO_2、N_2 和 O_2 三种气体是目前气调包装中最常用的气体。它们单独使用，或以最佳比例混合使用，要考虑产品生理特性、可能变质的原因和流通环境等因素，经过实验来确定。应当强调指出，气体的保护作用效果如何与包装的储存温度关系甚大。微生物的活性与环境温度有关，如温度上升 10℃，致腐微生物繁殖率可增长 $4\sim6$ 倍，果蔬呼吸强度也可增加 3 倍，因此，储运温度是食品储藏的关键因素。

二、充气包装工艺及设备

1. 包装材料的选择

选取合适的包装材料，对于延长食品保质期具有很重要的意义。总的原则是食品包装后其内环境不受或少受大气环境的影响。根据食品保鲜的特点，用于充气包装的包装材料有以下几个方面的要求。

（1）透气性　根据食品保鲜特点，用于真空充气包装的包装材料对透气性要求可分为两类：一类为高阻隔性包装材料，用于食品防腐充气包装，减少包装容器内的含氧量和混合气体各组分浓度的变化；另一类是透气性包装材料，用于新鲜果蔬充气包装时维持其最基本的呼吸强度。不同包装材料对不同气体的阻隔性也不同。

（2）透湿性　充气包装的包装材料对水蒸气的阻透性越好，越有利于食品的保鲜。

2. 充气包装的工艺要点

（1）充气包装适用范围　对于某些食品如果常规包装方法不能保持其风味和质量而又有一定包装要求时，可以考虑采用充气包装，它特别适用于易被压碎或带棱角食品的包装。

（2）储存环境温度对充气包装效果的影响　各种包装材料透气性与环境温度有着密切关系，一般情况下温度越高其透气度越大。

3. 充气包装过程的注意事项

包装内残存空气将导致残存微生物在保质期内繁殖而使食品腐败变质，而充气包装时，不论是真空充气还是气流冲洗式充气包装，需特别注意包装内空气的残留量。在热封时要注意包装材料内面在封口部位不要粘有油脂、蛋白质等残留物，确保封口质量。充气包装后杀菌处理时，要严格控制杀菌温度和时间，避免加热过度造成内压升高致使包装材料破裂和封口部分剥离，或由于加温不足而达不到杀菌效果。

4. 充气包装机械

充气包装机与真空包装机基本相同，其差别是在抽真空后，加压封口前增加一道充气工序。因此前面所介绍的具有充气功能的真空包装机都可用作充气包装，但除插管式真空包装机外，其他类型真空充气包装机在充气时均不能直接充入塑料袋内。图 2-29 所示为充气包装机结构，推袋器 4 的作用是将袋口压住，以保证充气后的封口质量。

目前用于充气包装的机械主要有真空充气包装机和气体比例混合器。

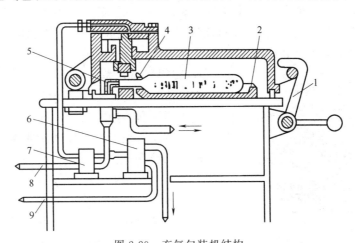

图 2-29　充气包装机结构

1—锁紧钩　2—盛物盘　3—包装物　4—推袋器　5—充气嘴　6—阀
7—充气转换阀　8—惰性气体进气管　9—压缩气体进气管

（1）真空充气包装机　真空充气包装机的工作原理有两种：一种是半密封状态下工作的冲洗补偿式，另一种是全密封状态下工作的真空置换式。

冲洗补偿式充气包装原理是利用通过真空发生器的快速气流带出的一片半真空区域，然后补上混合气体，经几次冲洗使容器内获得一定比例的混合气体，然后在容器内外等压后封口。这种充气方式可以使包装容器内含氧量从 21％降低到 2％～5％，但由于容器内仍残存有一定的氧气，所以真空度不高，不适于对氧敏感的食品包装。但该方式充气补偿时间短，生产效率高。

真空置换式充气是在全密封的状态下，利用真空泵抽尽容器内的空气，然后充入适合食品延期保鲜的混合气体，当容器内外压力相等时封口。这种充气方式能较大程度地降低包装内的含氧量，应用范围广，但因抽气时间稍长，工效略低。

（2）气体比例混合器　气体比例混合器是进行充气包装的关键设备，它将两种或三种气体按预定比例混合后向真空充气包装机供气，进行充气包装。气体比例混合的方法有两种：一种是压力法，通过控制混合气体中各气体成分的分压使气体按比例混合。另一种是流量法，采用流量阀使气体按比例混合。

国产的气体比例混合器有两种类型：一种与插管式真空充气包装机组成一体，由包装机程序控制气体混合、抽真空、充气与热封；另一种配件式气体比例混合器，可与各种真空无气包装机联机操作。国外的气体比例混合器多为配件式、单独控制，将高压贮气钢瓶的气体混合后向包装机供气。

第三节 MAP 和 CAP 包装技术

对于具有生理活性的食品，减少氧含量，提高 CO_2 浓度，可抑制和降低生鲜食品的需氧呼吸并减少水分损失，从而抑制微生物的繁殖和需酶的反应。但如果过度缺氧，则会难以维持生命必需的新陈代谢，或造成厌氧呼吸，产生变味或不良生理反应而变质腐败。CA 或 MA 不是单纯的排除 O_2，而是改善或控制食品贮存的气氛环境，以尽量显著地延长食品的包装有效期。判断一个气调系统是 CA 型还是 MA 型，关键是看对已建立起来的环境气氛是否具有调整和控制功能。

1. 控制气氛包装

图 2-30   新鲜水果

控制气氛（CA）是指对全部的气体（氧气、二氧化碳、水蒸气和乙烯等气体）进行恒定控制，并通过机械装置和仪器来控制混合气体的成分，即在存贮期间，选用的调节气体浓度一直受到稳定的管理和控制。一般称为气调冷藏库或气调集装箱（如美国 Transfresh 的 CA 集装箱）。

控制气氛包装（CAP）主要特征是包装材料对包装内的环境气氛状态有自动调节作用，这就要求包装材料具有适合的气体可选择透过性，以适应内装产品的呼吸作用，特别是新鲜果蔬自身的呼吸特性要求包装材料具有气调功能，能保持稳定的理想气氛状态，以避免因呼吸造成的包装内缺氧和二氧化碳过高。

果蔬包装系统是一个典型的薄膜封闭控制气氛系统。存在着呼吸作用和气体渗透控制作用。在这个动态系统中，产品呼吸代谢过程要放出二氧化碳、乙烯、水蒸气和其他挥发性气体，同时，这些气体会透过包装与外界发生受限制的交换作用，影响包装内气氛动态的主要因素有：产品的种类、成熟度、温度、氧和二氧化碳的分压、乙烯浓度、光线、包装膜的渗透性、结构、厚度和面积等。

任何 CAP 系统都应该在低氧和高二氧化碳浓度条件下达到以这两种气体平衡为主体的状态，这时产品的呼吸速率基本等于气体对包装膜的进出速率，系统中的任何因素发生变化都将影响系统的平衡或建立稳定态所需的时间。对果蔬而言，包装膜对二氧化碳和氧渗过系数的比例也应合理。以适应果蔬的呼吸速度并能维持包装件内一定的氧和二氧化碳浓度。比较适合新鲜果蔬 CAP 的包装膜有 HDPE、PVC、PP、PS、PET、醋酸纤维素、甲基纤维素和乙基纤维素，对生鲜果蔬而言，CAP 与低温贮存并用可获得非常好的保鲜效果。

2. 改善气氛包装

改善气氛（MA）是指采用理想气体组分一次性置换，或在气调系统中建立起预定的调节气氛浓度，在随后的贮存期间内不再受到人为的调整。改善气氛包装（MAP）是指用一定理想气体组分充入包装，在一定温度条件下改善包装内环境的气氛，并在一定时间内保持相对稳定，从而抑制产品的变质过程，延长产品的保质期。

MAP 包装材料的选用必须能控制所选用的混合气体的渗透速率，同时应能控制水蒸气的渗透速率。一般而言，果蔬类产品的 MAP 应选用具有较好透气性能的材料，并注意氧气和二氧化碳气体的透过之比［适宜范围 1∶（8～10）］。用于肌肉食品和焙烤制品的 MAP 材料，应选用具有较高阻隔性的包装材料，以较长时间维持包装内部的理想气体。

食品 MAP 后的贮藏温度对保鲜包装效果影响很大，一般需要在 0～4℃温度条件下贮藏和流通。

任务三　防潮包装技术 🔍

能力（技能）目标	知识目标
1. 能够正确的判断薯片、茶叶等采用的包装技术。	1. 掌握防潮包装的基本概念。
2. 了解防潮包装等级和干燥剂种类。	2. 了解包装材料的透湿机理。
3. 熟悉防潮包装设计步骤。	3. 熟悉干燥剂用量的计算方法。
4. 熟悉防潮包装工艺流程。	4. 掌握防潮包装的应用领域。

第一节　防潮包装概念及其原理

一、防潮包装概念

防潮包装是指为防止潮气侵入包装物内而影响内装商品质量所采取的一种防护性包装措施，也就是采用具有一定隔绝水蒸气能力的防潮包装材料对食品进行包装，隔绝外界湿度对产品的影响；同时使食品包装内的相对湿度满足产品的要求，在保质期内控制在设定的范围内，保护内容物的质量。

含有一定水分的食品，尤其是对环境湿度敏感的干制食品，在环境湿度超过其质量所允许的临界湿度时，食品将迅速吸湿而使其含水量增加，达到甚至超过维持质量的临界含水量，从而使食品因水分影响而引起质量变化。水分含量较多的潮湿食品也会因内部水分的散失而发生物性变化，降低或失去原有的风味。因此，对于那些吸湿散湿后质量会受到影响的产品，应用防潮包装是非常必要的。

二、防潮包装技术的原理

用低透湿或不透湿材料将产品与潮湿大气隔绝，以避免潮气对产品的影响。防潮包装的实质是：使包装内部的水分不受或少受包装外部环境影响，选用合适的防潮包装材料或吸潮剂及包装技术措施，使包装内部食品的水分控制在设定的范围内。

第二节 包装内湿度变化原因

包装内湿度变化的原因有两方面：第一方面为因包装材料的透湿性而使包装内湿度增加；第二方面为环境温、湿度的变化所致，在相对湿度确定的条件下，高温时大气中绝对含水量高，温度降低则相对湿度会升高，当温度降到露点温度或以下时，大气中的水蒸气会达到过饱和状态，而产生水分凝结。这种温、湿度变化关系与防潮包装有很大的相关性，如果在较高温度下将产品封入包装内，其相对湿度是被包装产品所允许的，当环境温度降低到一定程度时，包装内的相对湿度升高到可能超过被包装产品所允许的条件。所以，食品包装时环境大气中的相对温、湿度条件对防潮包装有重要意义，若产品在较高的温、湿度条件下进行防潮包装，反而可能会加速食品的变质。

每一种食品的吸湿平衡特性不同，因而对水蒸气的敏感程度也不同，对防潮包装性能的要求也有所不同。大多数食品都具有吸湿性，在水分含量未达饱和之前，其吸湿量随环境相对湿度的增大而增加。每一类食品都有一个允许的保证食品质量的临界水分值和吸湿量的相对湿度范围，在这个范围内吸湿或蒸发达到平衡之前，产品的含水量能保持其性能和质量，超过这个湿度范围，则会出于水分的影响而引起品质变化。部分食品的临界水分和饱和吸湿量见表 2-1。

表 2-1   部分食品的临界水分和饱和吸湿量（20℃，相对湿度 90%）

食品种类	饱和吸湿度/%	临界水分/%	食品种类	饱和吸湿度/%	临界水分/%
椒盐饼干	43	5.00	可可粉末	60	3.00
脱脂乳粉	30	3.50	干燥肉	72	2.25
肉汁粉末	30	2.25	蔗糖	85	—
洋葱干粉末	60	4.00	干菜（番茄）	20	—
果汁粉末	35	—	果脯（苹果）	70	—

第三节 防潮包装材料及其透湿性

一、常用防潮包装材料

防潮包装材料是指不能透过或难以透过水蒸气的包装材料。防潮包装材料除具有普通包装材料的功能外，在防潮包装中的特殊要求是透湿度小。

常用的防潮包装材料有纸材、塑料、金属、玻璃、陶瓷等。防潮性能最好的材料是玻璃陶瓷和金属包装材料，这些材料的透湿度可视为零。目前大量使用的塑料包装材料中适宜用于防潮包装的单一材料品种有 PP、PE、PVDC、PET 等，这些材料的阻湿性较好，热封性能也好，可单独用于包装要求不高的防潮包装。在食品包装上大量使用的是复合薄膜材料，复合薄膜比单一材料具有更优越的防潮性能和综合包装性能，能满足各种包装的防潮和高阻隔要求。表 2-2 所列为几种常用复合薄膜的透湿度。

表 2-2　　　　　　　　　几种常用防潮复合薄膜的透湿度（40℃，90%RH）

复合薄膜组成	透湿度/[g/(m²·d)]
玻璃纸(30g/m²)/聚乙烯(20~60μm)	12~35.3
防湿玻璃纸/聚乙烯	10.5~18.6
拉伸聚丙烯(18~20μm)/聚乙烯(10~70μm)	4.3~9.0
聚酯(12μm)/聚乙烯(50μm)	5.0~9.0
聚碳酸酯(20μm)/聚乙烯(27μm)	16.5
玻璃纸(30g/m²)/纸(70g/m²)/聚偏二氯乙烯(20g/m²)	2.0
玻璃纸(30g/m²)/铝箔(7μm)/聚乙烯(20μm)	<1.0

二、防潮包装材料的透湿性

一般气体都具有从高浓度向低浓度区域扩散的性质，空气中的湿度也有从高湿区向低湿区扩散流动的性质。要隔断包装内、外的这种流动，保持包装内产品所要求的相对湿度，就必须采用具有一定透湿要求的防潮包装材料。

水蒸气透过包装材料的速度，一般符合费克气体扩散定律，即：

$$\mathrm{d}R/\mathrm{d}t = DA \cdot \mathrm{d}p/\mathrm{d}x \qquad (2\text{-}1)$$

式中：D——扩散系数，决定于材料和气体性质

　　　A——包装材料的有效面积

　$\mathrm{d}R/\mathrm{d}t$——扩散速率

　$\mathrm{d}p/\mathrm{d}x$——水蒸气压力梯度

当扩散过程平衡时，$\mathrm{d}p/\mathrm{d}x$ 为：

$$\mathrm{d}p/\mathrm{d}x = (p_1 - p_2)/\delta \qquad (2\text{-}2)$$

式中：p_1，p_2——材料两面的水蒸气压力

　　　δ——材料厚度

由上两式可知，对一定的包装材料，扩散速度主要决定于材料两面的水蒸气压差。因此，测定材料的透湿性能必须控制材料两面的水蒸气压差接近恒定，才能保证测定的准确性。

第四节　防潮包装设计

防潮包装具有两方面的意义，一方面是为了防止被包装的含水食品失水，另一方面是为了防止环境水分透入包装而使干燥食品增加水分，从而影响食品品质。防潮包装的实质是使包装内部的水分不受或少受包装外部环境影响，选用合适的防潮包装材料或吸潮剂及包装技术措施，使包装内部食品的水分控制在设定的范围内。

一、防潮包装设计步骤

防潮包装设计步骤如下：

（1）选择合适的防潮包装类型和等级，在对产品及储运环境条件充分了解以后，先确定防潮包装的等级，确定采用的防潮包装方法与种类，并依此类型与等级选择相应透湿度值的包装材料及容器。

（2）若需用干燥剂，应确定干燥剂的种类，计算出干燥剂使用量。

（3）根据选用的包装材料，合理确定防潮包装及其密封方法。

二、干燥剂用量计算

防潮包装中，干燥剂的用量与防潮材料的透湿率、储存期和包装面积等多项因素有关。

1. 一般干燥剂的选用

一般干燥剂的简单计算选择用量按式（2-3）计算：

$$W = (1/2K') \times V \tag{2-3}$$

式中：W——干燥剂用量/g

K'——干燥剂的吸湿率关系系数

V——包装容器的内部容积/dm^3（取量值）。

其中干燥剂的吸湿率关系系数 $K' = K'_b / K'_a$，式中 K'_a 为细孔硅胶在温度 25℃、相对湿度 60% 时的吸湿率，取 30%；K'_b 为其他干燥剂（如分子筛、氧化铝活性黏土等）在同样温、湿度条件下的吸湿率。采用细孔硅胶时，$K' = 1$。

2. 硅胶干燥剂的选用

（1）细孔硅胶用量按式（2-4a）、式（2-4b）、式（2-4c）和式（2-4d）计算。

使用机械方法密封的金属容器：

$$W = 20 + V + 0.5D \tag{2-4a}$$

使用铝塑复合材料制成的袋子：

$$W = 100AY + 0.5D \tag{2-4b}$$

使用聚乙烯等塑料薄膜包装材料制成的袋子：

$$W = 100AQ_1Y + 0.5D \tag{2-4c}$$

使用密封胶带封口罐和塑料罐：

$$W = 300Q_2Y + 0.5D \tag{2-4d}$$

式中：W——干燥剂用量/g

V——包装容器的内部容积/dm^3（取量值）

D——包装内含湿性材料的质量（包装纸、衬垫、缓冲材料等）/g

A——包装材料的总面积/m^2（取量值）

Y——预定的储存时间（下次更换干燥剂的时间）/a

Q_1——温度为 40℃、相对湿度为 90％的条件下包装薄膜材料的透湿率/(g・m^{-2}・d^{-1})

Q_2——温度为 40℃、相对湿度为 90％的条件下密封胶带封口罐、塑料罐的透湿率/(g・m^{-2}・d^{-1})

（2）复合材料的水蒸气渗透率是由各层的透湿率组合起来的　通常用各个组成材料的透湿率（Q_1，Q_2，…，Q_n）的倒数之和为其总透湿率（Q）的倒数来求得，即：

$$1/Q_1 = 1/Q_1 + 1/Q_2 + \cdots\cdots + 1/Q_n \tag{2-4e}$$

（3）储存条件　式（2-4b）、式（2-4c）以及式（2-4d）中的储存条件是在气候条件（温、湿度）较恶劣时的储存时间，如需要换算不同气候条件下的储存时间可按 GJB 145—1993《防护包装规范》的附录 B 和附录 C 的规定进行。

3. 蒙脱石干燥剂的选用

蒙脱石干燥剂的选择用量按式（2-5a）、式（2-5b）计算。

密封刚性金属包装容器：

$$U = K''V + X_1 D + X_2 D + X_3 D + X_4 D \tag{2-5a}$$

除密封刚性金属包装容器以外的包装容器：

$$U = CA + X_1 D + X_2 D + X_3 D + X_4 D \tag{2-5b}$$

式中：U——干燥剂用量的单位数，一个单位的干燥剂在 25℃的平衡气温条件下，至少能吸附 3g（20％RH）或 6g（40％RH）的水蒸气，一个单位相当于干燥剂 33g

K''——系数，包装容器内部容积以 m^3 为单位给出时，取 42.7

V——包装容器内部容积/m^3（取量值）

C——系数，防潮罩内表面积以 m^2 为单位给出时，取 17.2

A——包装箱内表面积/m^2（取量值）

X_1——系数，垫料为纤维材料（包括木材）以及在下列归类中没有列出的其他材料时，取 17.64

X_2——系数，垫料为粘接纤维板时，取 7.29

X_3——系数，垫料为玻璃纤维时，取 4.41

X_4——系数，垫料为泡沫塑料或橡胶时，取 1.11

D——垫料的质量/kg（取量值）

三、防潮包装工艺

防潮包装工艺主要有：

（1）采用水蒸气渗透率为零或接近零的金属或非金属容器将物品包装后加以密封，有：①不加干燥剂的包装，如真空包装、充气包装等。②加干燥剂的包装，干燥剂一般选用硅胶或蒙脱石。

（2）采用水蒸气渗透率较低的柔性材料，将物品加干燥剂包装，并封口密闭，有：①单一柔性薄膜加干燥剂包装。②复合薄膜加干燥剂包装。③多层包装，采用不同的水蒸气渗透率较低的材料进行包装。

任务四 | 袋装技术 🔍

能力（技能）目标	知识目标
1. 能够正确的判断饼干、方便面、鸡精等采用的包装技术。	1. 了解袋的分类。
2. 具有根据产品正确选择软包装材料的能力。	2. 掌握装袋的工艺流程。
3. 具有分析制袋工艺流程的能力。	3. 了解装袋设备。
4. 具有设计装袋工艺流程的能力。	4. 熟悉软包装材料的性能。

袋装是软包装中应用最为广泛的工艺方法之一，如图 2-31 所示。所有的软包装材料都可以用于袋装。袋装具有很多优越性，例如适用范围较广，既可包装固体物品，也可包装液态物品；既可用于销售包装，也可用于运输包装；工艺操作简单，包装成本较低，包装件毛重与净重比值最小，无论空袋或包装件所占空间均少，销售和使用都十分方便。但与硬包装（Rigid Package）相比，强度较差，容易受环境影响，包装储存期较短。

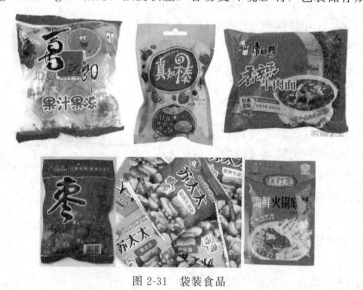

图 2-31 袋装食品

一、包装袋的类型

包装袋可分为运输包装袋和销售包装袋两大类型。

1. 运输包装袋

（1）运输包装袋的种类 按其承载量可以分为重型袋和集装袋两种，如图 2-32 所示。

① 重型袋有全塑料薄膜袋、纸塑复合袋、塑料编织袋和塑料无纺织物袋等，承载量为 20～50kg，广泛用于树脂、农药、化肥、水泥、矿砂、饲料、粮食、蔬菜、瓜果等物品的运输包装。

② 集装袋是用于合成纤维或塑料扁丝编织并外加涂层的大袋，通常做粉状、颗粒状化工产品、矿产品、水泥及农副产品的运输包装。

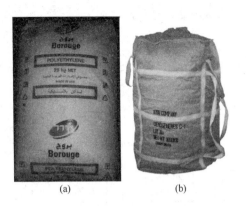

图 2-32　重型袋与集装袋
(a) 重型袋　(b) 集装袋

（2）运输包装袋的形式　运输包装袋常为三层以上的结构，可以是纸塑等复合材料。其结构形式主要有：

① 阀式缝合带。阀式缝合带包括平袋和带 M 型褶边袋。这种袋在装货前已将袋口缝合，只在袋侧而留有一阀口，装货时通过该阀口装入颗粒状、粉末状物料后，将袋稍朝阀口顺利倾斜，既可使阀关闭，保证充填装物料不从阀口流出。为了排除充填时袋内空气，纸袋内必须有一定的透气度，否则会使粉末物料反喷，恶化生产环境和降低充填速度。其基本形式有：阀门在内侧，加筋片，两头缝的活口袋，如图 2-33 中①所示；阀门在外，加筋片，两头缝的活门袋，如图 2-33 中②所示。

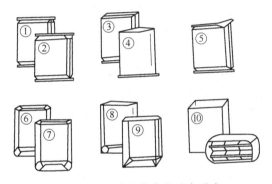

图 2-33　运输包装袋的基本形式

② 开口缝底袋。开口缝底袋包括平袋和 M 型褶边袋。这种袋包装货物前将底缝合，由于尖底很难自立堆放。其基本形式有：加筋片，一头缝合，另一头开口的重包装袋，如图 2-33 中的③所示；不加筋片，一头缝合，另一头开口的重包装袋，如图 2-33 中④所示。

③ 阀式黏合袋。与缝底袋相比，阀式黏合袋与无针脚孔引起的强度降低，密封性较好，再加上防潮底可制成良好的防潮纸袋。其基本形式有：内阀式赫底袋，如图 2-33 中的⑥所示，也称内封式双黏底袋；外阀式黏底袋，如图 2-33 中的⑦所示，也称内封式双黏底袋，阀门在外。

④ 开口黏底袋。这种袋是黏接而成的，呈六角形，装货后可直立堆放。其基本形式有：一头黏合的开口袋，如图 2-33 中的⑧所示；自动黏底开口袋，如图 2-33 中的⑨所示。

⑤ 角部开口的两端缝底袋。如图 2-33 中的⑤所示。

⑥ 两头全开的捆包袋。如图 2-33 中的⑩所示，常用于集装袋。

2. 销售包装袋

销售包装袋主要用于食品和日用品包装，一般装载为 10kg 以下。按照制袋和装袋方法可分为预制袋和在线袋两类。

（1）预制袋　是在包装之前用手工或制袋机预制，由制袋车间或专业制袋工厂供应。装袋时先将袋口撑开，充填后再进行封口。图 2-34 和图 2-35 分别是以纸为基础和以塑料为基材的复合材料预制袋。

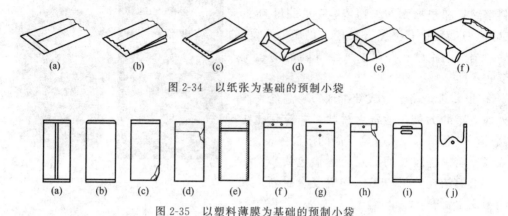

图 2-34　以纸张为基础的预制小袋

图 2-35　以塑料薄膜为基础的预制小袋

图 2-34（a）、（b）、（c）是尖底平袋，其中，（a）是尖底平袋，类似信封，以纵向搭接和底部翻折黏结成型，用于装扁平的物品；（b）、（c）是尖底袋 M 型褶边袋，袋子容积大，袋口容易打开，装物方便；袋底的封合方式分别为黏合式［图2-34（b）］与缝合式［图 2-34（c）］。

图 2-34（d）、（e）、（f）是平底袋，物料装满后可以立放，且袋口容易打开。平袋底有四边形［图 2-34（d）］和六边形［图 2-34（e）、图 2-34（f）］两种，其中，（d）通常带 M 型褶边，能够自动打开袋口，只要捏住袋口处一抖，袋口就会张开，袋底呈长方四边形，充填很方便；（e）称书包型袋，两侧无褶，但撑开后与自动开口袋无异；（f）是一种粘接阀门袋，两端均封住，在袋的一端角部有充填用的阀管，充填后将阀管折叠后封住。

图 2-35 为常见的几种预制塑料小袋的形式。其中，（a）为背面折叠搭接部位和底部经热封形成的扁平中封袋；（b）为筒装，两侧有褶、底部经热封形成的筒状侧褶袋；（c）为底部有褶、两侧边缝经热封形成的底部有褶袋，开口处一边略长便于撑开；（d）两侧接缝的袋接近开口处有一向内伸长的舌片，可代替封口；（e）为两侧边缝经热封，开口处有一根可噬合的塑料压带，可用于包装食品及小工艺品的开启封合袋；（f）为两侧边缝经热封，开口处有小孔的侧封悬挂袋；（g）为两侧边缝经热封，开口处加盖并有按钮的按扣封合袋；（h）为两侧边缝经热封，开口处有加强衬板和小孔，穿上绳子后可提携的衬板带孔袋；（i）为筒状薄膜底部经热封，开口处有腰形孔的手提袋；（j）为两端热封，两侧有褶，上部模切成"W"型的开口，两侧留有手提袋，是目前零售商店最广泛使用的一种方便购物袋，又称背心袋。

预制塑料袋用手工或制袋机制成，在包装操作前已将不合格产品剔除掉，因此，品质比较有保证。其优点是：制袋接缝牢固，平整美观，并可制成异型袋，使用预制袋包装时生产效率低，不便于机械化操作。

（2）在线制袋装袋　是指在制袋—充填—封口机上，连续完成纸袋、充填和封口等工序。袋子的主要形式有以下几种。

① 枕形袋。枕形袋有纵缝搭接和侧边有褶的袋、纵缝对接和侧边有褶的袋，也可以是无纵缝筒状袋，它们的两端均需封合。

② 三面封口袋。采用一卷塑料薄膜对折，充填后两侧与开口处封合的平袋。

③ 四面封口袋。采用两卷塑料薄膜对齐，底侧封合后充填并封口。

④ 直立袋。图 2-36 为在制袋充填封口机上生产的几种塑料袋型。其中，（a）为纵缝搭接合侧边有褶枕形平袋；（b）为纵缝对接和侧边有褶枕形平袋；（c）为纵缝对接裹包枕形袋；（d）为三面封口平型袋；（e）为四面封口平型袋；（f）为直立袋。

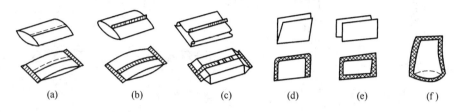

(a)　　　　(b)　　　　(c)　　　　(d)　　　　(e)　　　　(f)

图 2-36　制袋充填封口机生产的袋型

在制袋充填封口机上可以连续完成制袋装袋的全部工序，大大节省了包装材料、劳力和能源，而且生产效率较高，降低了生产成本。缺点是不合格袋在充填包装前不易发现，只能在包装完成后进行检测，造成了一定的浪费。

二、袋装工艺及设备

袋装工艺过程与包装物品所用的袋型、制袋方法及包装设备有关。

1. 大袋装袋工艺

大袋装袋通常都是预制袋。

（1）操作方式

① 手工操作。人工取代、开袋，把袋口套在放料斗下或充填管上，充填完毕后将袋移至封口工位进行缝合、黏合或热封。

② 半自动操作。在手工操作的基础上，附加某些机械辅助作业即成为半自动操作。通常由人取袋、开袋，把袋口套在充填管上，其后由机械夹袋器夹袋，充填完成后由输送带、送至封口工位，进行机械封口。

③ 全自动操作。袋子从贮袋器中取出，开袋并夹持，送往充填工位进行定量充填，其后送至封口工位进行封口，整个过程由机械操作自动进行。

（2）充填方法　充填是装袋工艺的主要环节之一，而充填方法与物料性质以及其他因素相关，充填的具体方法选择与工艺我们会在后面为大家罗列出。

（3）封合方法　大袋的封合方法较多，封合方法的选用与纸袋类型以及包装要求有关。阀门纸袋具有自折叠封合阀管，可用手工折叠后再封合，也可采用阀管闭合后再折叠封合。

开口纸袋封合方法主要有三种，即缝合法、黏合法及捆扎法。

① 缝合法。缝合法是目前开口大袋最常用的封口法，其方法一般是夹袋口两角，用棉线或尼龙线，通过缝袋机进行缝合。应根据物料的颗粒度选择针距以及防物料散漏。通常缝合线针距一般为 3～6mm，较大时要求缝合密度是 120～140 针/m。太稀疏会降低缝合强度，太密集会将降低纸的强度，致使袋沿缝线处破裂。

缝合形式如图 2-37 所示，缝合方法分为链式缝合和双锁缝合。链式缝合是将线头穿

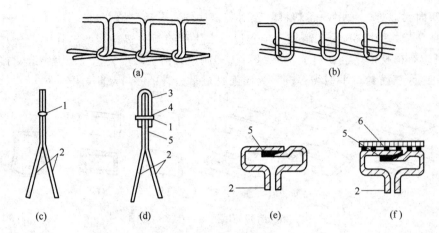

图 2-37　袋口缝合法

（a）链式缝法　（b）双锁缝法　（c）简易缝法　（d）加封口袋缝法　（e）不带底部封条黏合　（f）带底部封条黏合

1—缝合线　2—袋壁　3—封口带　4—软线　5—粘合剂　6—底部封条

过袋壁形成环扣，每环套住前一环扣的单线缝合；双锁缝合是将线头穿过袋壁形成环扣，每一环皆由第二根横向线环锁住的双线缝合。二者各有特点，使用时根据袋重、袋的结构来选择。若是轻截袋，可用简易缝合法，将袋壁捏拢后缝合即可。缝合重截袋时，为了增加封口强度，采用先在袋口处加块纸板或耐撕裂材料后，再进行缝合。此外为提高封口的密封性，也采用袋口皱纹粘接封合。

缝合式封口方法坚固而又经济，适应性强，使用时开口极为方便，封口速度快，可达 10m/min 以上。但一般的缝合式封口处有缝合针眼，阻隔性能较差。

近年来，对带 PE 内衬层的纸袋，采用了热封合与缝合的联合封口方法，使封口的密封性与封口强度都得到了保证，包装性能得到了进一步提高。适合于轻载袋、重载带封口。

② 黏合法。开口袋封口也可采用黏合法，即在制袋时，在袋口处涂敷热熔性黏合剂，封口时加热，然后折叠加压进行封合，或在生产线上行施胶加压封口。粘结式封合密封性能较好，但由于目前技术设备水平的限制，封口速度、封口强度较低，故粘结法一般适合于轻载袋的封口。

③ 捆扎法。用布条、线绳或金属丝扎紧袋口是最简单快捷的封口方法，但一般也只适合于轻载包装袋。

2. 小袋装袋工艺

小袋装袋工艺与袋型和所使用的设备有很大的关系。

（1）预制小袋的装袋工艺　一般由取袋、开袋口、充填、封口等工序组成，常采用间歇回转式或移动式多工位开袋充填封口机。因为是间歇运动，充填固体物料的生产速度可以达到约 60 袋/min，充填液体物料的生产速度约为 30~45 袋/min。

图 2-38 为一种在回转式开袋充填封口机用预制塑料小袋的包装工艺过程示意图。储袋架 1 上叠放的预制小袋被取袋吸嘴 2 从最上面取走，并将袋转成直立状态，通过上袋吸头 3，送交充填转盘 4 的夹袋手 6 夹住，然后随转盘 4 转动，在不同工位上依次完成 5 打印、7 开袋、8 固体充填（或 9 液体灌装），预封袋口部分长度等动作，再由送料机械手 11 将其移送给另一真空密封转盘 12 的真空室内，并经 13、14 二级抽真空后进行 15 热封

和 16、17 冷却。最后打开真空室将包装件 18 送出机外。

图 2-39 为直立袋在直移式开口充填封口机上的包装工艺过程示意图，预制的直立袋下面封和着底材。图 2-39 中卷筒预制直立袋 1 在侧导轨 2 和下导轨 3 之间，由送进装置 4 间歇带动向前移动，经过光电监控装置 5，四个袋子一组，在分切工位由分割器 6 切开连体袋身，切断器 7 切掉顶部，到达灌装工位由吸嘴打开袋口，并由升降装置 8 将四个袋子一同升起，用充填装置 9 装入物品，完毕后降下，由封和装置热封袋口，然后成品 10 随传送带 11 输出。

预制塑料小袋可以包装三面、四面封口的扁平袋，或者是各种直立袋。主

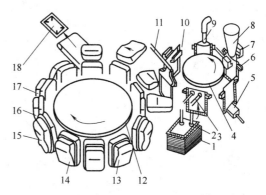

图 2-38　预制小袋在回转式开口充填封口机
上的包装工艺过程示意图

1—储袋架　2—取袋吸嘴　3—上袋吸头　4—充填转盘
5—打印器　6—夹袋手　7—开袋吸头　8—加料（固体）斗
9—加料（液体）管　10—预封器　11—送料机械手
12—真空密封转盘　13—第一级真空室　14—第二级真空室
15—热封室　16、17—冷却室　18—包装件

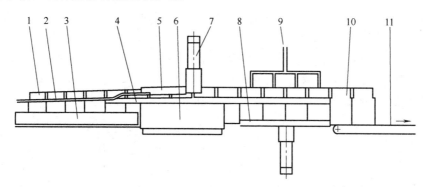

图 2-39　直立袋在直移式开口充填封口机上的包装工艺过程示意图

1—卷筒预制直立袋　2—侧导轨　3—下导轨　4—送进装置　5—光电监控装置
6—分割器　7—切断器　8—升降装置　9—充填装置　10—成品　11—传送带

要采用各种复合包装材料。

（2）在线制袋装袋工艺　一般由制袋充填封口机完成，制袋充填封口机有卧式和立式两种，各自结构也不相同。它们的制袋成型器有翻领、象鼻、三角板、U 型板和 V 型板等多种形式。

图 2-40 为枕型袋在立式制袋充填封口机上的包装工艺过程示意图，卷筒包装材料经翻领成型器 2 和纵封器 4 搭接成圆筒状，由送料管 1 供料并由送进皮带 5 利用摩擦力向下牵引，用横封器 6 从两边封口并用裁切刀 7 分切，从图中可以清楚地看到横封器的热封面上带有锯齿形波纹，波纹应相互啮合以获得良好的封和效果，裁切刀 7 在横封器 6 的中部，它将封口一分为二，一只袋的袋顶封和一只袋的袋底封合，从而形成纵缝搭接两端封口的枕型包装件 8。机器可安装不同的输料计量装置以供应不同形态的物料，如颗粒状、流质状或黏稠状物料。其送料管的直径可以变换，以获得不同尺寸的枕型袋。机器的生产

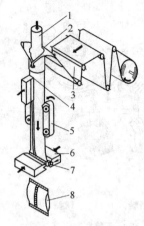

图 2-40 枕型袋垂直包装
工艺过程示意图

1—送料管 2—翻领成型器
3—卷筒包装材料 4—纵封器
5—送进皮带 6—横封器
7—裁切刀 8—包装件

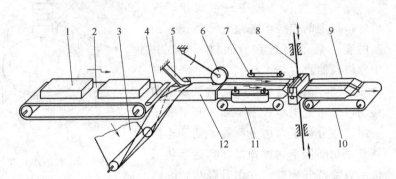

图 2-41 枕型袋水平包装工艺过程示意图

1—被包装物品 2—传送带 3—卷筒包装材料 4—过桥 5—纵封推板
6—纵封辊 7—送料皮带 8—横封切断器 9—包装件 10—输出传送带
11—进给传送带 12—方框成型器

率随物料形态、包装材料不同而异，当间歇送进时，生产速度为 20～120 包/min；在连续送进时，使用旋转或同步横封器，生产速度可提高到 150～200 包/min。

图 2-41 为枕型袋在卧式制袋充填封口机上的包装工艺过程示意图，被包装物品形状一般都比较规则；当间歇送进及人工供料时，生产速度为 25～40 包/min；自动供料时生产速度为 50～80 包/min。

图 2-42 为三面封扁平袋在立式制袋充填封口机上的包装工艺过程示意图。卷筒纸 1 经导辊和 U 形成型器 2 对折成为双层膜，再经连续回转的纵封辊 4 和横封辊 5 封合为开口袋，物料由进料斗 3 充填后再封口并裁切排出，生产速度为 80 包/min。

图 2-43 为三面封扁平袋在卧式制袋充填封口机的包装工艺示意图。卷筒包装材料 1 经过张力辊 2 和三角板成型器 3 在水平方向移动，同时由折叠辊 4 折成 V 形，由纵封器 5 封侧边，经料斗 6 充填，再有横封器 7 封顶边，最后用裁切刀 8 切断，送出包装件 9。这种方法封合品质可靠，用来包装小量黏滞性颗粒状物品，如调味汤料、布丁粉等；由于是间歇送进，生产速度约为 100 包/min。

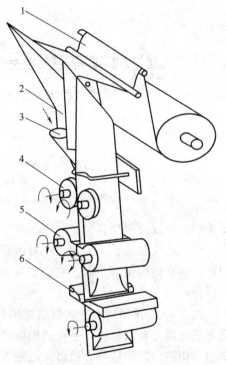

图 2-42 三面封扁平袋垂直包装
工艺过程示意图

1—卷筒包装材料 2—U 成型器 3—进料斗
4—纵封辊 5—横封器 6—裁切刀

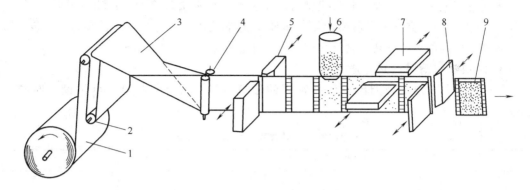

图 2-43　三面封扁平袋水平包装工艺过程示意图

1—卷筒包装材料　2—张力辊　3—三角板成型器　4—折叠辊

5—纵封器　6—料斗　7—横封器　8—裁切刀　9—包装件

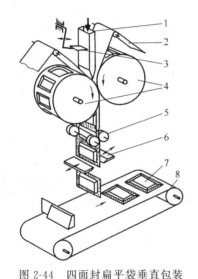

图 2-44　四面封扁平袋垂直包装

工艺过程示意图

1—料斗　2—卷筒包装材料，前后两卷

3—供料栓　4—成型封合滚筒　5—送进辊

6—裁切刀　7—包装件　8—传送带

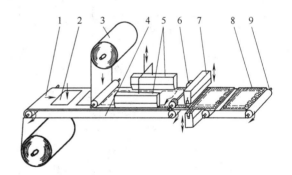

图 2-45　四面封扁平袋水平包装工艺过程示意图

1—下卷筒包装材料　2—被包装物品　3—上卷筒包装材料

4—传送带　5—纵封器　6—送进辊　7—横封切断器

8—包装件　9—输出传送带

图 2-44 为四面封扁平袋在立式制袋充填封口机上的包装工艺过程示意图。料斗 1 由供料栓 3 控制，进行周期下料。前后两个卷筒包装材料 2 经一对成型封合滚筒 4 形成四面封合的包装件，并由送进辊 5 送至裁切刀 6 切断，包装件 7 由传送带 8 输出。这种方法适于包装小量流动性颗粒状物品，如砂糖、食盐、胡椒和植物种子等。采用其他计量和充填装置，还可包装小型规则块状物品，如药品、糖果和口香糖等。在间歇送进时，生产速度为 80 包/min，在连续送进时，颗粒物品生产速度为 120 包/min，块状物品生产速度可达 300 片/min。此外，有的机型设计成多列式，其生产速度相应提高很多。

图 2-45 为四面封扁平袋在卧式制袋充填封口机上的包装工艺过程示意图。主要用于包装扁平物品，如用 PE 薄膜包装纺织品，也可用于真空或充气包装切片熏肉、香肠、奶酪等，生产速度约为 100 包/min。

无论立式或卧式制袋充填封口机都有很多机型，根据被包装物品性质（颗粒、流体、黏体）、包装材料种类（单层薄膜、复合薄膜）、包装要求（尺寸规格、包装容量、装袋形状）等选用不同的机型，从而设计相应的包装工艺过程。

3. 袋口塑料薄膜热封方法

下表2-3中较详细地列出了各种常用的袋口热封方法及其特点，可供设计时参考选择。

表 2-3   热效应式封口装置的主要形式及特点

名 称	结构件图	特 点
热板加压式	热板 焊缝 薄膜 耐热橡胶 工作台	电阻丝加热,可动板条做纵向间歇循环运动完成热封,卸压冷却,结构简单,速度较快,可恒温控制,适用面广,适于PE等复合膜。PVC(易分解)及热收缩膜不适宜
热辊加压式	热辊 薄膜 焊缝 热辊	电阻丝加热,热辊在连续转动中完成热封,热辊可同时起牵引作用,结构较复杂,可连续工作,效率高,适用性强,速度高时封口质量不易保证。适于复合膜。单膜封口易变形
环带热压式	加热器 冷却器 钢带 薄膜 焊缝	电阻丝加热,加热板和冷却板(水冷或风冷)同在环带内,靠弹簧纵向加压,一对环带牵引封接对象连续运动,可连续工作,速度高,结构较复杂,多用作最后封口,适于易热变形薄膜
加压熔断式	热刀 退出辊 薄膜 橡胶辊 焊缝	电阻丝加热,采用热板或热刀,在与封接部位接触时完成熔焊并切断,装置做旋转运动,不用加压,可连续工作;结构简单、经济,但封合带窄,适用于封口强度要求不高的场合,封边外观整齐
热板熔融式	焊缝断面形状 冷却板 加热板 薄膜 焊缝	电阻丝加热,封接对象夹在冷却板中间,热板周期地向封接部位靠近,使其边缘熔化形成球状封口,封口强度较高且无封口带,适用于热缩性材料,速度慢、效率低。不适于热分解性薄膜
高频加压式	压头 薄膜 高频电极 焊缝 工作台	封接对象的封接部位压在上、下高频电极之间,通以高频电。材料因有感应阻抗而发热熔化实现封口,可动压头做周期性循环运动,间歇工作,速度慢,但封口强度大。不适于低阻抗性薄膜

续表

名　称	结　构　件　图	特　点
超声波熔焊式	超声波发生器 薄膜 焊缝 工作台	通过磁置换能振荡器产生出约 20kHa 的超声波,经指数曲线形振幅扩大器传到封口部位,使其因受高频机械振动摩擦发热而完成瞬间熔接,可连续性或间歇性工作,封口质量高,但设备复杂,价格贵,适用于铝塑复合材料
热管式	管壳　芯管 蒸汽 蒸发段　绝热段　冷却段 玻璃纤维　(a)热管 加热器 聚四氟乙烯 热管 (b)热封头	热封头内装有管壳内壁能产生毛细现象的芯管的热管,导热性极好,在载热体(一般为水蒸气)流经管内时,由于封接对象吸收热量,而使其具有自动循环补充热量的作用,热封头表面温度变化幅度极小,并始终保持均匀,可保证任何情况下的封口质量,节约能量,寿命长,适用性强,是一种较理想的封口新技术
热板压纹式	加压轴 热板 焊缝 薄膜	采用热风通过加热板对连续通过的封接对象加热熔融,然后通过冷却辊轮加压冷却封闭,可连续工作,适用热变形的材料
脉冲加压式	压板 防粘材料　电热丝 焊缝 薄膜 耐热橡胶 工作台	在上、下压板的封接面装置镍铬合金电热丝或镀铬衬层,通以脉冲大电流而发热完成封合,然后在压紧状态下靠水冷却的压板使封口冷却,可动压板做纵向间歇循环运动。速度慢、效率低,但封口质量好,适用性强

热封的方法虽然众多,但是每一种方法只适用于有限的几种塑料品种,请同学们在选择时认真甄别。

表 2-4 所列为热封方法与各种薄膜的适用关系。

表 2-4　　　　　　　所列为热封方法与各种薄膜的适用关系

薄膜种类	热板	脉冲	高频	超声波	电磁感应	红外线	热封温度/℃
聚乙烯(低密度)(LDPE)	○	○			×	○	
(高密度)(HDPE)	○	○			×	○	
聚丙烯(无延伸)(PP)	○	○	×		×	△	
(双轴延伸)(BOPP)	△	○	×	○	×	△	
聚苯乙烯(PS)	×	○	×		×	△	
聚氯乙烯(硬质)(PVC)	△	○	○		△	△	
(软质)(PVC)	×	△	○		△	△	
聚乙烯醇(PVAL)	△	△	△	△	△	△	
聚醋(BOPET)	×	△	×	○	△	△	

续表

薄膜种类	热板	脉冲	高频	超声波	电磁感应	红外线	热封温度/℃
聚偏二氯乙烯(PVDC)	×	△	○	△			
聚酰胺(无延伸)(PA)	×	△	△				
(双轴延伸)(BOPA)	×	△					
聚碳酸酯(PC)	×	△	×	○	△		
尼龙	○	○	△	△	△	△	△
防潮玻璃纸	△	△		△	△		
醋酸纤维素	△	△		△	△		

注：○—最适用；△—一般用；×—不用。

热封方法还与包装材料的进给情况、袋型和封口部位等因素有关，有兴趣的同学可以自行查找资料进行学习。

项目三　液体包装

任务一　灌装技术　🔍

能力（技能）目标	知识目标
1. 具有正确地设计典型产品的灌装工艺流程的能力。	1. 了解灌装料的定义以及分类。
2. 能够正确分析出典型液体产品的灌装定量方法。	2. 掌握灌装液体的定量方法，了解其原理和特点。
3. 正确操作液体充填机的能力。	3. 掌握常见液体的灌装过程和相关灌装方法的定义。
4. 具有团队合作精神。	4. 了解灌装机的分类及应用。

　　现代社会中许多产品是以液体或半液体状态包装、流通和销售的，习惯上把液体产品装入瓶、罐和桶等包装容器内的操作称为灌装，如图 3-1 所示。在整个包装产品领域中，需要进行灌装的各种液体或者半液体的食品、饮料、酒、药品等占了很大的比重。

图 3-1　典型液体产品的灌装

　　人类开始在容器中存放液体以来，就需要一种灌装方法。1900 年，人们就利用虹吸原理灌装瓶酒，1902 年开始有了番茄酱灌装机，之后各种机械式灌装设备逐渐发展起来。

　　被灌装的液体物料涉及面广、种类很多，有各类食品、饮料、调味品、工艺品、化工原料、医药、农药等。由于它们的物理、化学性质差异很大，因此，对灌装的要求也各不相同。

　　影响灌装的主要因素是液体的黏度，其次是液体是否溶有气体等。一般液体按黏度可分为三类：第一类是黏度小、流动性好的稀薄液体物料，如酒、牛奶、酱油等；第二类是黏度中等、流动性比较差的黏稠液体物料，为了提高其流速需要施加外力，如番茄酱、稀奶油等；第三类是黏度大、流动性差的黏糊状液体物料，需要借助外力才能流动，如果酱、牙膏、浆糊等。液体饮料，根据是否溶有二氧化碳气体，可分为含汽饮料和部分含汽饮料两类。含汽饮料又称碳酸饮料，如啤酒、汽酒、香槟、汽水等。

　　目前，世界各国对灌装技术设备的研制开发十分重视，不断推出各种集机械、电子、光学、气液技术为一体的，包括容器清洗灭菌干燥、灌装与密封、包装质量自动检测、物料自动输送、自动装箱贮存等作业工序在内的多功能灌装机和自动包装生产线。

第一节　定　量　方　法

1. 定量方法

　　液料定量大多数采用容积式定量法，即定容法（volumetric）。实现定容可有多种方法，具体如下：

　　（1）液位控制定量法（Level）　图 3-2 为液位控制灌装原理图。灌装开始时，瓶子上升并顶起橡皮密封垫 5 与滑套 6，灌装头 7 与滑套 6 间就出现空隙，液料即可流入瓶中，并使空气经排气管 1 排至贮液箱 9 的上部空间。当瓶内液面达到排气管管口（A—A 截面）时，瓶内气体不能排出。随着液料再进入，瓶颈处空气被压缩并与液面达成平衡，液面高度即可保持不变，只是一部分液料将沿排气管上升至与贮液箱液面相当。瓶子降下后，灌装头 7 与滑套 6 重新封闭，排气管中液料流入瓶中。至此，完成了一次定量灌装。

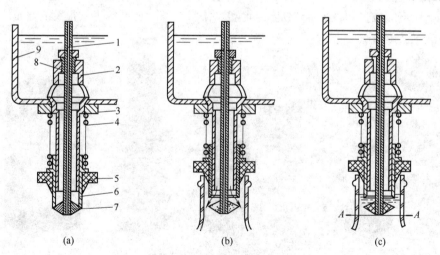

図 3-2　控制液位定量法灌装原理图

（a）灌装前　（b）灌装时　（c）灌装后

1—排气管　2—支架　3—紧固螺母　4—弹簧　5—橡皮垫　6—滑套　7—灌装头　8—调节螺母　9—储液箱

借螺母 8 可调节排气管下端口深入瓶内的位置，从而改变灌装定量。此法结构简单，使用广泛，但精度稍差。

（2）定量杯定量法（Measuring Cup）　图 3-3 为定量杯定量灌装原理图。当瓶子未进入灌装机时，定量杯 1 的上沿由于弹簧 7 的作用而处于贮液箱液面之下，杯内充满液体。瓶子上升并顶起灌装头 8 连同进液管 6，使定量杯上沿超出贮液箱液面。同时，进液管内隔板 11 及其上下两通孔 12 和 10 恰好位于阀体 3 的中间槽腔 13 之内，而形成液料通路，于是杯中液料可灌入瓶中（从调节管 2 流经上孔 12，槽孔、下孔 10 进入瓶中），瓶中空气从灌装头上的斜向孔 9 排出。当杯中液面降至调节管 2 的上端面时，便完成了一次定量灌装。调整调节管 2 的相对高度或更换定量杯（大小），可以改变其灌装量。

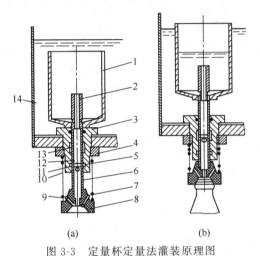

图 3-3　定量杯定量法灌装原理图
(a) 灌装前　(b) 灌装时
1—定量透　2—定量调节阀　3—阀体　4—紧固螺母
5—密封圈　6—进液管　7—弹簧　8—灌装头
9—透气孔　10—下孔　11—隔板　12—上孔
13—中间槽　14—贮液箱

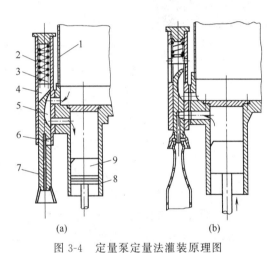

图 3-4　定量泵定量法灌装原理图
(a) 吸料定量　(b) 压料入瓶
1—储料缸　2—阀室　3—弹簧　4—滑阀　5—弧形槽
6—下料孔　7—灌装头　8—活塞缸体　9—活塞

（3）定量泵定量法（Measuring Pump）　图 3-4 为用于黏稠性液料的定量泵式定量灌装原理图。活塞 9 由凸轮或其他机构驱动。活塞向下运动时，液料在自动和压差双重作用下从贮料缸 1 的底孔经滑阀 4 的弧形槽 5 进入活塞缸体 8 内。当容器顶起灌装头 7 和滑阀 4 时，弧形槽隔断了贮料缸与活塞缸之间的通路，而滑阀的下料孔 6 即与活塞缸接通。活塞向上推动，迫使液料从活塞缸流到容器中。容器内的空气可经灌装头上孔隙排出。若无容器，因活塞缸与下料孔不相通，即使活塞往复移动也无妨。借调节活塞行程，即可改变灌装定量。

2. 定量方法的选择

选择定量方法首先应考虑产品所要求的定量精度。此定量精度与产品特性有关，如番茄酱罐头，重量误差不能超过 ±3%；640mL 的啤酒，容量误差不能超过 ±10mL；高档酒类，液位误差不超过 ±1.5mm。另外还需考虑液料的灌装工艺性，如含汽饮料用定量杯法就不合适，因贮液箱内会因搅动而产生泡沫，影响定量精度。

第二节 常 压 灌 装

常压式灌装是一种最简单、最直接的灌装形式，也是应用最广泛的灌装方式之一。适用于大量不含汽类果汁饮料、矿泉水等产品的灌装。

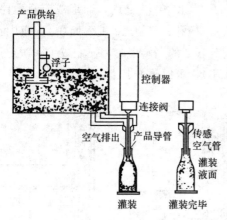

图 3-5 液面传感式灌装

常压法灌装属重力灌装，液料箱和计量装置处于高位。包装容器置于下方，在大气压力下，依靠液体的自重自动流进包装容器内，其整个灌装系统处于敞开状态下工作。灌装速度只取决于进液管的流通截面积及灌装缸的液位高度。其中利用液面控制灌装的常压灌装法的工作过程依次为：①进液并排气：液料灌入容器内。同时将容器内的空气自排气管排出；②到达定量停止进液：容器内液料达到定量要求后，自动停止灌装；③排出余液：将进入排气管内的残液排除，为下一次开始灌装进液排气做好准备。常压灌装法主要可用于灌装那些黏度不大、不含二氧化碳、不散发不良气味的液体产品，如牛奶、白酒、醋、果汁等。常压灌装法因定量方法和容器的不同又可分为以下几种。

1. 液面传感式灌装 （Level Sensing）

液面传感式灌装机只把产品灌装到容器，控制液面而不密封容器，如图 3-5 所示。

这种方法适用于那些若正压或负压作用到密封容器会出现容器鼓胀或凹陷的软质容器。

当容器中升高的液面堵塞住气流向外流出时，启动一个能切断流向容器的液体的控制机构（每一灌装头上需要此控制机构），可以实现高速灌装，不会产生产品溢流和上部冒泡沫的问题。

图 3-6 为另一种液面传感式灌装系统简图。该系统用一低压空气流（从产品进料管末端向上流动）来传感液面的位置。充灌时液料在瓶中上升，直至到达贮液管末端口，传感器流被切断。依靠流体控制器，产品即被非常精确地停流。用高压气体吹入来清除传感料管内的余液，为下一循环作准备。控制器含有三个涡流放大计和两个凸轮触动式气阀（其中一个负责给灌装阀发信号，另一个负责给清除管中余液的传感器发信号）。

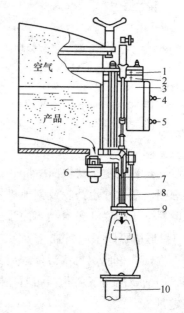

图 3-6 液面传感灌装系统示意图
1—高压空气支管 2—低压空气支管
3—流体控制体 4—充灌起动阀
5—传感管清洗阀 6—进液阀
7—注液管 8—瓶颈导向
9—瓶颈导向 10—托瓶台

2. 溢流式灌装 （Over-flow）

某些产品可往开口容器中灌装至溢流的程度，

再停止充灌。这些容器通常是经过消毒杀菌处理的卫生食品罐或广口玻璃瓶。在较先进的溢流式灌装机中，进入开口容器的液流是由与容器同步运动的量杯供给的。容器中必须预留空间，可用置换方法或容器倾斜法获得。对于某些溢流式灌装机，向上的空气屏障可防止溢流液体接触到容器的外部。若仔细调节好液体流速和容器的传送速度，溢流量或再循环液体量可限制到最小程度。

3. 虹吸式灌装（Siphon）

应用虹吸原理使液体经虹吸管从贮料箱流入容器中，直至两边液位相等。此法结构简单，但速度较低，其技术原理可参见图3-7。

4. 活塞式（Piston）

这是一种最常用的容积定量式灌装方法。根据活塞的方位和入口的结构可分为进口端开口立式缸、单端卧式缸、双端面卧式缸、闭端立缸四种。

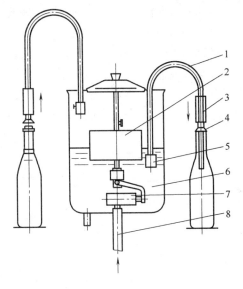

图 3-7　虹吸法供料装置简图
1—虹吸管　2—浮子　3—灌装阀　4—灌装头
5—贮液杯　6—贮液箱　7—进液阀　8—进液管

图3-8为一种典型的立式缸旋转阀灌装机。控制供料槽、定量室（缸）和灌装嘴之间的产品流量的旋转阀可旋转运动。当活塞向上运动时，把产品从供料槽经旋转阀通道吸入定量室（缸）中，然后旋转阀转到另一个位置，使预先已测定了体积的产品流入容器中。通常活塞由凸轮或气动机构推动。

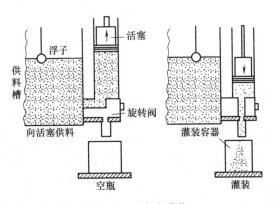

图 3-8　活塞式灌装

卧式缸的定量室（缸）可水平安装，容量缸可以是双端的，两端都有出口和入口，进行两端交替灌装。在压力下的产品流入一端，迫使活塞向另一端运动，并在液缸另一端把液料充填到容器中。

5. 定量杯式灌装（Measuring Cup）

杯式定容积定量灌装机首先将产品从一个开口料槽输送到容量精确（可以调节）的定量杯中。每个量杯可被灌装到与料槽液面相平或沉入料槽液面以下，然后量杯上升到料槽液面之上。之后，每个阀底受控打开，液体流入容器中。此法精确可靠，成本低廉，此种灌装机常为回转式，参见图3-3。

6. 隔膜泵式灌装（Membrane Pumping）

隔膜泵定量灌装是1975年后的新发展。活塞泵式灌装机通常在活塞与缸壁之间装有某种密封元件，如V形垫圈或O形垫圈，当活塞与缸壁之间滑动摩擦时会引起材料擦伤并产生微屑，这对于卫生要求严格的注射药物等是不利的。隔膜泵中因无材料摩擦故可避免以上缺陷。

隔膜式容积灌装机利用一层柔性隔膜在气体压力的作用下将液体从料缸抽到灌装室，然后再注入容器中。

料缸的压力一般保持在 0.11MPa 以下。阀门打开时，在气压作用下，液体流入灌装室后再注入容器中。

灌装室充满后，通向料缸的阀门就关闭，防止回流。然后，阀门启通容器方向，空气压力作用在柱塞上。柱塞将隔膜压下，迫使液体流入容器，如图 3-9 所示。

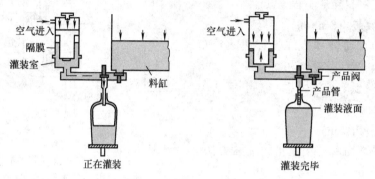

图 3-9　隔膜泵式灌装原理图

产品灌装完毕，加在隔膜上的气压释放。阀门换向，灌装室再次从料缸吸液。

在瓶颈导向装置上装有"无容器不灌装"机构。该机构只要在运动时碰到容器，才能触动气源控制系统，使气流推动隔膜运动。

调换大小不同的灌装室可以改变灌装容量，也可以通过调节档块，改变柱塞在灌装室的移动距离来改变灌装量。其容积调节范围可达到 10 倍以上。

隔膜式容积灌装的特点是灌装精度高，物料损失少。因而常在把较贵重物料装入颈部细长的容器时应用。

7. 称重式灌装（Gravimetric）

这是 1986 年才开始应用的新型灌装方法。它用电子计算机辅助操作，可以对塑料、玻璃或金属容器进行低黏度或中等黏度液料的灌装。容器用常规方法放置在旋转工作台的各个工位上，每个工位上都是一个有应变载荷元件（string auge load cell）的精密称盘，当容器进入旋转工作台的工位上，秤盘首先扣除容器的毛重，然后精确控制液料流入容器。在灌装过程中电子计算机一直监控着液料的流动速度和灌装量，使其均匀落入容器，并不断调节其流速，使灌装精度达到最高，且实际误差接近于零。液料用压力泵和管道系统直接输送到气密型的灌装阀中，容器在整个工作过程中不与灌装阀接触，也不要求密封，其最大优点在于精确度极高。

8. 计时式灌装（Timing）

定时灌装是在流量和流速保持一定的情况下，通过控制液体流动时间来确定灌装容量。灌装容量的调整，可以通过改变液体流动时间，或调节进料管的流量来实现。其灌装精度，取决于液体流动的均匀性和机构的精确性。如图 3-10 所示，先由外部压力泵使液体流入具有沟槽的圆盘内，借转动的计量圆盘上注流孔开放时间来计量液料的流出量（及恒容积流量）。旋转速度决定灌装口在沟槽下停留的时间。若使用几个计量沟槽，则可在同一容器中分别灌入不同的液料。

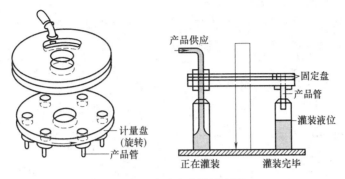

图 3-10　计时式灌装原理图

第三节　等 压 灌 装

等压灌装是在高于大气压的条件下，首先对包装容器充气，使之与贮液箱内气压相等，再依靠液料的自重流进包装容器内的罐装方法。

等压灌装根据原理不同，可以分为以下两种。

1. 平衡压力灌装

平衡压力灌装，即先向包装容器内充气，使容器内压力与储液缸内压力相等，再将储液缸的液体物料灌入包装容器内。

平衡压力灌装又称反压法（Counter-pressure）、压力灌装、重力灌装。这种灌装方法只适用于含汽饮料，如啤酒、汽水、香槟、矿泉水等。该方法可以减少 CO_2 的损失，保持含汽饮料的风味和质量，并能防止灌装中过量泛泡，保持包装计量准确。

灌装装置如图 3-11 所示，储液缸是全封闭的，由气室和液室组成。在往储液缸输送液体物料之前，先往储液缸内通入压缩气体（无菌空气或 CO_2），使储液缸的气室保持一定的压力（0.1～0.9MPa），该气体压力必须等于或稍高

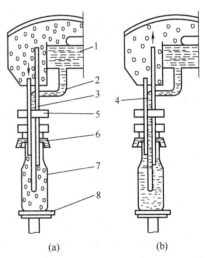

图 3-11　平衡压力灌装

(a) 充气　(b) 灌装

1—储液缸　2—进液管　3—排气管
4—进气管　5—旋塞式灌装阀　6—密封装置
7—包装容器　8—升降机构

于液体物料中 CO_2 溶解量的饱和压力，以使饮料中的 CO_2 溶解。当升降机构 8 将包装容器 7 上升到与灌装阀 5 接触并密封时，旋塞式灌装阀将进气管 4 与容器接通，使储液缸气室内的气体沿进气管压入容器，通常称为"建立背压"。当气压与容器压力相等时，灌装阀旋转接通进液管 2 和排气管 3，液体靠自重流入容器中，同时，气体沿排气管排至气室中。当液面上升封住排气管口时，液面停止上升，液体沿排气管上升到与储液缸液面相同为止。这时，自动停止灌装，灌装阀关闭，灌装结束。然后，容器下降，排气管内的液体

物料流入包装容器。为了防止容器失去密封时液体喷出，在阀门中间装一个机械泄压口，使容器顶部与大气相通。

在灌装过程中，与物料接触的气体主要来自瓶内及储液缸内留存的空气，为了减少物料中氧气的含量，延长保存期，可将储液缸做成三个腔室：储液室、背压气室和回气室。储液室内充满物料，与空气脱离接触，容器内排出的空气引入回气室。这样不但可以提高排气和灌装的速度，而且减少了物料与空气接触的时间。

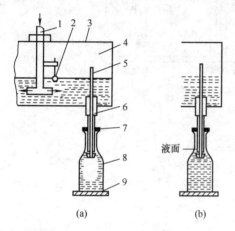

图 3-12 重力真空灌装示意图
(a) 正在灌装 (b) 完成灌装
1—供液管 2—浮子 3—储液缸 4—真空室
5—排气管 6—灌装阀 7—密封装置
8—容器 9—升降机构

2. 重力真空灌装

重力真空灌装即真空等压灌装，是低真空（10～16kPa）下的重力灌装。其灌装方法基本与常压灌装相同，但比常压灌装速度快，可以避免灌装有裂纹或有缺口的容器，还可以防止液体的滴漏。重力真空灌装特别适用于蒸馏酒精、白酒、葡萄酒的灌装。

灌装工艺如图 3-12 所示，储液缸 3 与真空室 4 合为一体，储液缸是密封的，其上部是真空室，液面高度由浮子 2 控制。升降机构 9 将包装容器 8 托起，与灌装阀 6 的密封装置 7 接触，将容器密封。继续上升打开阀门，由于排气管 5 与真空室相通，容器形成低真空，液体物料靠自重灌入包装容器。当液面上升至排气口上方并达到压力平衡时，停止灌装，液面保持在规定的高度，灌装结束，容器下降，灌装阀由弹簧自动关闭。排气管内的余液受上下管口压差的作用，沿排气管回流到储液缸。

第四节 不等压灌装

不等压灌装，即利用待装液体与吸出容器中气体的排气口之间的压力差来灌装。由于存在压差可使产品的流速高于等压法灌装。对于小口容器、黏性产品或大容量容器特别有利。但是不等压法灌装系统需要一个溢流收集和产品再循环的装置。快速灌装产生的泡沫必须通过溢流系统排出。不等压灌装最主要的灌装方式是纯真空灌装。

纯真空灌装即真空压差灌装。如图 3-13 所示，储液缸 4 与灌装阀 7 分开放置，供液管 1 由供液管 2 控制，液位由浮子 3 保持。真空室 9 由真空泵 10 保持真空，灌装阀内有吸液管 5 和真空管 8，真空管与真空室相连。包装容器 12 上升或灌装阀 7 下降，容器口与灌装阀上的密封装置 6 接触，并建立气密密封，然后打开阀门，对容器内抽真空，液体靠这个压差，通过吸液管流入容器内。当液面上升到真空管口时，液体开始沿着真空管上升，使容器内的液位保持不变。过量的物料形成溢流和回流，溢出的物料经真空管流入真空室，由供液泵 11 送回到储液缸。灌装结束，阀门自动关闭。

纯真空灌装可提高灌装速度，有效减少产品与空气的接触，有利于产品的保存期，全

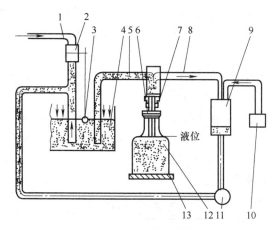

图 3-13　纯真空灌装

1—供液管　2—供液阀　3—浮子　4—储液缸　5—吸液管　6—密封装置　7—灌装阀
8—真空管　9—真空室　10—真空泵　11—供液泵　12—包装容器　13—升降机构

封闭状态还限制了产品中有效成分的逸散。纯真空灌装适用于灌装那些黏度稍大些的液体，如油类、糖浆，不宜多暴露于空气中的含维生素的液料，如蔬菜汁、果汁以及有毒的液体如农药、化学药水等。

　　纯真空灌装的真空度一般保持在 $6\sim7kPa$。纯真空灌装速度高，但有溢流和回流现象，使液体物料往复循环，且能耗较多，灌装结构复杂，管路清理困难。

第五节　灌装方法选用及灌装机介绍

一、灌装方法的选择与使用

　　选择灌装方法时需要考虑：①液料本身的特性如黏度、密度、含气性、挥发性；②产品的工艺和质量要求；③灌装设备的结构能力和运行特点。

　　例如啤酒的灌装就是个较为复杂的问题。

　　啤酒灌装的主要工艺与质量要求是：①保证足够的二氧化碳含量。优质啤酒要求 CO_2 的含量不小于 0.4%，普通啤酒要求 CO_2 含量不小于 0.35%。②尽量降低氧的含量。一般啤酒中氧含量不超过 $1mg/L$，以免在杀菌和贮存期间与某些物质发生反应而改变风味，甚至变质。

　　为此，啤酒在灌装过程中要求做到：

　　（1）维持稳定的工作压力和温度，避免灌装引起冲击形成涡流而丧失二氧化碳含量。

　　啤酒中所含因发酵产生的 CO_2 是随压力降低或温度增高而减少。当啤酒中 CO_2 含量达到饱和时，二氧化碳含量（M）与灌装啤酒表压（p）、酒温（t）之间有近似关系式：

$$M=0.4p-0.08t+0.298 \tag{3-1}$$

实际灌装压力比上述表压值 p 还应略高 $(0.2\sim0.5)\times10^5Pa$。

　　（2）设法减少液料与空气的接触，尽量消除瓶颈残留空气量。

按规定，为减少热力杀菌时的爆瓶率，瓶颈空位容积比不小于3%，故在灌装结束后可增设一道用CO_2或其他惰性气体置换瓶颈内空气的工序，或用敲击法、高压无菌水冲击法，紧接着压盖封口。

另外在灌装中，啤酒与空气的接触主要源自瓶内及贮液箱内留存空气，故可在灌装前抽去瓶中90%左右的空气，再冲入CO_2使其等压，或者将贮液箱与气室完全分开（液料不接触空气），由"单室"灌装系统改为"三室"或"多室"的灌装系统等。

据测定，原含氧量是$(0.25\sim0.3)\times10^{-6}$g的啤酒，用"单室"灌装含氧率可增加$1\times10^{-6}$，而用"三室"灌装，含氧率只增加$0.2\times10^{-6}$。

各种产品所适用的灌装方法见表3-1所示。

表 3-1　　　　　　　　　　　　　　　　产品与灌装方法的对应关系

方法	可灌装的液体
重力	果汁、化学品、番茄酱、沙司、抗冻剂、食油
重力真空	酒精、酒、牛乳(限瓶装)
加压	化学品、洗涤剂、药品、化妆品等
纯真空	酒精、酒、果汁、番茄酱
加压重力	苏打水、啤酒、香槟酒、汽酒
液体感测	洗涤剂、化妆品、药品、糖浆、沙司、酒精等
定时灌装	气雾剂、药品、化妆品、露液类
活塞定量	润滑油、蛋黄酱、浓汤、调味品、抗冻剂、牛乳(纸质容器)
隔膜定量	卫生药水、静脉针剂、抗冻剂、食油、化妆品

二、灌装机

1. 分类

灌装机按灌装系统的物理特性和定量方法分类，如图3-14所示。

若按包装容器传送形式，可分为直线型、旋转型、自动化型。直线型即容器沿良线方向作周期性间歇移动，在停歇时灌装。回转型即容器沿圆周方向作等速回转运动，运动中同时灌装与封盖等。

2. 灌装机介绍

（1）直线型灌装机　灌装瓶沿着平直的方向做直线运动，进行成排的灌装生产，凡送来的一排空瓶由推瓶板向前推送一次，到送至灌液管的下方时，阀门打开进行灌装，间歇进行操作，如图3-15所示。

这种灌装机相对旋转灌装机来讲，结构比较简单，制造方便，但占地面积比较大，而且是间歇运动，生产能力的提高也受到一定限制，因此一般只用于无汽液料类的灌装，局限性比较大。

（2）旋转型灌装机　待灌瓶由传送系统（一般经洗瓶机由输送带输入）或人工送入灌装机、进瓶机构，瓶子由灌装机转盘带动绕主立轴旋转运动进行连续灌装，转动近一周时

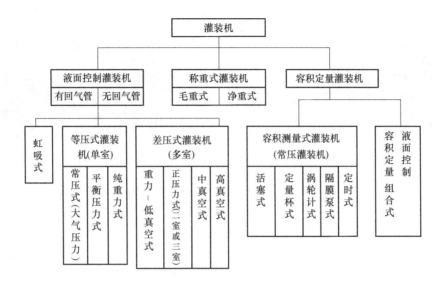

图 3-14　灌装机分类

图 3-15　直线型灌装机

图 3-16　旋转型灌装机

瓶子已灌满，然后由转盘送入压盖机进行压盖，如图 3-16 所示。

这种灌装机在食品、饮料行业应用最广泛，如汽水、果汁、啤酒、牛奶的灌装，此机主要由流体输送（即供料系统）、容器输送（即供瓶系统）、灌装阀、大转盘、传动系统、机体、自控等部分所组成，其中灌装阀是保证灌装机能否正常工作的关键。

（3）自动化型灌装机　该类型可分为：单机自动机和联合自动机（可以包括连续进行洗瓶、灌装、压盖、贴标、装箱等工序）。自动灌装以采用机械传动控制为主，应用最广泛。

图 3-17 所示为江苏新美星包装机械有限公司根据含汽饮料的灌装工艺要求，自行研制开发而成的一种具有国际先进水平的三合一等压灌装系统，该系统的主要组成部分有：CIP 自动清洗系统、全自动理瓶机、风送系统、人工上瓶/自动卸瓶系统、空瓶杀菌系统、等压灌装系统、喷淋温瓶系统、贴标/套标系统、自动传输系统、空气净化系统，适用于可乐等含汽饮料的等压灌装，生产能力可达 5000～36000 瓶（500mL）/h。

"新美星"的热灌装系统（图 3-18）组成部分与三合一等压灌装系统基本相同，只是用先进的热灌装技术系统取代等压灌装系统，适用于果蔬汁饮料。目前国际流行的 PET 瓶热灌装工艺要求。

"新美星"的饮用水灌装系统是集洗瓶、灌装、封盖、贴标于一体的组合型常压灌装

图 3-17　含汽饮料三合一等压灌装系统

图 3-18　果蔬汁饮料热灌装系统

系统，如图 3-19 所示为最新研制开发的具有国际先进水平的无菌冷灌装系统，是集消毒液冲洗、无菌水洗瓶、灌装、封盖、贴标于一体的五合一常压灌装生产线，如图 3-20 所示，包括 CIP/SIP/COP 系统、全自动理瓶机、风送系统、人工上瓶/自动卸瓶系统、空瓶杀菌系统、无菌冷灌装系统、喷淋冷却系统、贴标/套标系统、自动传输系统、空气净化系统，适用于果蔬汁、茶饮料、鲜奶等瓶装无菌包装产品，生产能力为 10000～36000 瓶（500mL）/h。

图 3-19　饮用水组合型常压灌装系统

图 3-20　无菌冷灌装系统

任务二　无菌包装技术 🔍

能力（技能）目标	知识目标
1. 能够合理设计无菌包装的工艺流程。	1. 了解无菌包装的定义。
2. 比较各种灭菌方法的优缺点。	2. 掌握无菌包装的优缺点。
3. 能够正确的半段果汁（或牛奶）采用的包装技术。	3. 掌握无菌包装材料的分类
4. 了解无菌纸盒的生产及无菌包装过程。	4. 熟悉无菌包装过程。

图 3-21 所示为无菌包装产品。无菌包装（aseptic packaging）是指在被包装物品、包

装容器（材料）和辅料、包装装备均无菌的情况下，在无菌的环境中进行充填和封合的一种包装技术。

图 3-21　无菌包装的产品

第一节　被包装物的灭菌技术

19 世纪初法国人尼·阿贝尔（Nicholas Appert）发明的罐头食品是食品保存方法的一个突破，初步解决了食品长期保存和长途运输的问题。但是传统的罐头食品包装方法也存在着明显的缺陷：①高温加热使食品的营养成分与风味丧失较多；②紧靠容器壁的食品加热时间及温度与中央部位食品相差甚大，大型容器包装时此缺点更明显；③有少数食品如乳制品、果酱等有热敏感性，不宜蒸煮与熟化。

无菌包装最初就是为了解决不能用传统的高压釜杀菌，又需较长货架寿命的那些食品的保存问题而出现的。无菌包装方法恰恰能避免传统食品保存处理方法中种种缺陷。

无菌包装受欢迎的主要原因列举如下：①能源消耗量和生产成本低。②符合消费者要求保留食品营养价值和少含防腐剂的愿望。③可采用更加新颖美观的包装形式。④医药包装中无菌是基本要求。

一、无菌包装的机理

无菌包装过程主要包括包装品（材料和容器）的灭菌、被包装物品的灭菌和在无菌环境下进行包装作业，整个过程构成一个无菌包装系统。对于不同的包装品（材料或容器），无菌包装系统的组成部分也不尽相同。

无菌包装实际上并非绝对无菌，无菌包装只是一个相对无菌的加工过程，也就是商业无菌。商业无菌是指经过无菌处理之后，按照规定的微生物检验方法，在所检食品中没有活的微生物被检出，或者只能检出极少数非病原微生物，但它们在贮存过程中不可能进行生长繁殖。

目前，无菌包装中采用的杀菌方法主要有加热杀菌（也称为热杀菌）和非加热杀菌（也称为冷杀菌）两大类。

1. 热杀菌的机理

加热是灭菌和消毒方法中应用最广、效果最好的方法之一。从一般生物学概念讲，这是由于与繁殖性能相关的基因受热变性，使得细菌细胞丧失繁殖能力。微生物中最耐热的是细菌孢子，当环境温度在100℃以上时，温度越高，孢子死亡速度越快，即所需灭菌时间越短。

食品中通常含有的香味物质、色素、各种维生素，经过一定温度和时间的加热，会发生不同程度的变化，但是这种变化对温度的依存关系相对小一些，而对时间的依存关系较大。所以，加热灭菌法应在尽可能短的时间内以一定的温度杀灭有害菌，以保持食品的品质。一般来说，温度越高，杀菌所需时间越短，食品化学变化就越小。所以，采用高温短时间灭菌能更好地保持包装袋内食品的鲜味及营养价值。表3-2为肉毒杆菌孢子在中性磷酸缓冲溶液中的死亡时间与温度的关系。

表 3-2   肉毒杆菌孢子的死亡时间与温度的关系

温度/℃	100	105	110	115	120	125	130	135
死亡时间/min	330	100	32	10	4	4/3	1/2	1/6

食品通常有香味和色素，当食品经过一定的温度和时间的加热，它们会发生不同程度的变化，但是这种变化对温度的依存关系比杀灭细菌孢子相对小一些，而对时间的依存性大，从表3-2可以看出，加热温度在130℃以上，杀灭细菌的时间显著地缩短，因此，热杀菌主要在尽可能短的时间内以一定的温度杀灭有害菌，以保持食品的品质。

2. 冷杀菌的机理

高温在杀菌的同时往往会给食品的品质带来不利影响。为此，非加热杀菌技术日益受到人们的重视。

目前采用的冷杀菌技术主要有紫外线杀菌、药物杀菌、射线杀菌、臭氧杀菌、高压杀菌、高电压脉冲杀菌、磁力杀菌等，其作用机理各不相同，但都是在无需加热的情况下作用于细菌的蛋白质、遗传物质及酶等，使细菌变性致死，这种方法因不需要加热，所以对食品的色、香、味有较好的保护作用，更适合于一些不能加热的食品。因此，冷杀菌已被广泛采用。

二、无菌包装的灭菌技术

1. 灭菌技术的应用

目前无菌包装主要用于液态食品和固态混合食品中，固液混合食品可以进行连续灭菌或分别灭菌后再混合。此外，固态食品表面清洗或灭菌处理后，也可在无菌条件下用经过灭菌处理的材料进行包装，然后在低温条件下储存、运输和销售。随着无菌包装技术的不断发展，以及对产品品质的要求愈来愈高，许多食品或其原料都趋向于按照各自不同的特点与要求进行灭菌处理。

（1）对被包装食品的杀菌可根据食品自身的特性和要求来选择最佳的方法，其目的是使食品的色泽、风味、营养成分得到最好的保护，并可延长其储存期，便于储运和销售。

（2）用于无菌包装的食品与包装品自身（包装材料或容器）是分别进行灭菌的，不会导致传热障碍或普通罐装食品灭菌时的那种共热过程，避免食品与包装品发生反应，减少材料成分向食品中迁移。

（3）包装品的表面灭菌可采用冷杀菌技术或其他有效的表面杀菌技术，所以，耐热性较差的包装材料也能够应用于无菌包装。

（4）灭菌技术应适用于自动化生产，生产效率高，节能省工，有利于降低生产成本。

2. 被包装物品的灭菌技术

用于被包装物品的灭菌技术最常用的有两种：一种是巴氏灭菌技术，另一种是超高温短时间灭菌技术。近年来，一些新的杀菌方法如微波杀菌、电阻加热杀菌、高电压脉冲灭菌、高压灭菌、磁力灭菌、臭氧灭菌也逐渐应用于被包装物的灭菌上。

（1）巴氏灭菌技术　巴氏灭菌又称低温灭菌，是将食品充填并密封于包装容器后，灭菌条件为 $61\sim63℃/30min$ 或 $72\sim75℃/15\sim20min$，杀灭包装容器内的细菌。巴氏杀菌可以杀死大多数致病菌，而对于非致病的腐败菌及其芽孢的杀伤能力不够。故需要将巴氏灭菌与其他储藏手段相结合。主要用于酸性及低酸食品的灭菌，例如柑橘、苹果汁饮料食品的灭菌，果酱、糖水、水果罐头、啤酒等的灭菌。其特点是包装容器不能太大，若受热时间过长，营养成分和风味损失大。

巴氏灭菌法的产生来源于巴斯德解决啤酒变酸的问题。当时，法国酿酒业面临着一个令人头疼的问题，那就是啤酒在酿出后会变酸，根本无法饮用。而且这种变酸现象还时常发生。巴斯德受人邀请去研究这个问题，经过长时间的观察，他发现使啤酒变酸的罪魁祸首是乳酸杆菌，营养丰富的啤酒简直就是乳酸杆菌生长的天堂。虽然采取简单煮沸的方法是可以杀死乳酸杆菌的，但是，这样一来啤酒也就被煮坏了。巴斯德尝试使用不同的温度来杀死乳酸杆菌，而又不会破坏啤酒本身。最后，巴斯德的研究结果是：以 $50\sim60℃$ 的温度加热啤酒半小时，就可以杀死啤酒里的乳酸杆菌和芽孢，而不必煮沸。这一方法挽救了法国的酿酒业。这种灭菌法也就被称为"巴氏灭菌法"。

（2）超高温短时间灭菌技术　超高温灭菌是指 $135\sim150℃$ 温度条件下，短时间内对被包装食品进行灭菌处理，以杀灭包装容器内的细菌。采用这种技术不仅能保证食品的品质，而且生产效率也可大大的提高。目前广泛用于乳品、果汁饮料、豆奶、茶、酒、矿泉水及其他产品的无菌包装。

实践表明，灭菌时间过长，会导致食品的品质下降，特别是对食品的颜色和风味影响较大。从表 3-2 可见，灭菌温度在 $100\sim120℃$ 时，细菌死亡时间一般较长，将温度提高到 $135℃$ 以上时，则死亡时间大为缩短；根据研究结果，灭菌温度增加 $10℃$，取得同样灭菌效果的时间仅为原来灭菌时间的 1/10。在灭菌条件相同的情况下，超高温短时间灭菌与低温度长时间灭菌相比较，不仅灭菌时间显著缩短，而且与品质有关的食品成分保存率也很高，由表 3-3 可见，牛乳在 $120℃$ 以下灭菌时，食品营养成分的保存率为 73％ 左右，而在 $130℃$ 以上的高温短时间和超高温短时间灭菌时，食品营养成分的保存率则上升到 90％ 以上。

表 3-3　　　　　　　　牛乳高温杀菌时芽孢致死时间和食品营养成分保存率

温度/℃	芽孢致死时间	食品营养成分的保存率/%	温度/℃	芽孢致死时间	食品营养成分的保存率/%
100	400min	0.7	130	30s	92
110	36min	33	140	4.8s	98
120	4min	73	150	0.65s	99

　　超高温短时间灭菌装置有两种类型。一种为直接加热形式，就是用过热蒸气直接喷入液体状食品或把液体状食品喷入热蒸气，以达到快速加热灭菌的目的。直接加热法最大的优点是快速加热和快速冷却，最大限度地减少了超高温短时间灭菌处理过程中可能发生的物理化学变化，但是要求热蒸气必须适于饮用，且对过氧化氢包装件加热前后的含水量要严格控制，如图 3-22 所示。另一种为间接加热形式，它是利用管式或板式热交换器进行介质间接交换作用加热，是一种间接加热灭菌的过程，如图 3-23 所示，间接加热灭菌具有温度控制方便，设备占地面积小、效率高等特点，应用比较广泛。

图 3-22　直接加热设备

图 3-23　板式换热器设备

　　（3）微波加热灭菌　微波是指波长在 $1\sim300mm$、频率为 $300\sim300000MHz$ 之间的电磁波，它遇到物体阻挡时能引起反射、穿透、吸收等现象，被物体吸收后能引起物体分子间的摩擦，把电磁能转变为热能。

　　微波灭菌克服了常规加热方式中先加热环境介质、再加热食品的缺点，对食品的加热方式是瞬时穿透式加热，被加热的食品直接吸收微波能量而使温度升高，破坏菌体中蛋白质成分，起到杀菌作用。

　　微波加热可在 $120\sim130℃$ 和 $1\sim2min$ 条件下对多种液体、黏稠体及固体形状食品进行灭菌，达到保色、保香、保味的效果。而且在食品包装后还可以连同包装一起进行灭菌处理。

　　（4）电阻加热灭菌　电阻加热灭菌技术利用连续流动的导电液体的电阻热效应来进行加热，以达到杀菌目的，是对酸性和低酸性的黏性食品和颗粒状食品进行连续杀菌的一种新技术。电阻加热灭菌要求交流电的频率在 $50\sim60Hz$。

　　电阻加热因为是在连续流动的液体中加热，不需要高温热交换，各种营养成分损失很少，且能量转化率达 90% 以上，适合对物料进行整体加热，所以是颗粒及片状食品实现瞬时无菌包装的较好的技术方法。

　　（5）高电压脉冲灭菌技术　高电压脉冲灭菌是将高电压脉冲电场作用于液体食品，有效地杀灭食品中的微生物，而对食品本身的温度并无明显影响，因而最大限度的保存了食品中原有的营养成分。

当液体食品流经高压脉冲电场，由于外加电场的作用，液体中微生物的细胞膜上产生相应的电热，导致细胞膜上产生电荷分离。当电势超过其临界值（大约为 1V）时，由于带电分子间的相斥作用，引起细胞上出现空隙，导致细胞膜透过性增大和细胞膜功能受损。细胞膜受损程度和外加电场强度有关，当外加电场强度等于或略高于某个临界值时，细胞膜的暂时性损伤可以修复，而当外加电场场强度远远超过其临界值时，细胞的损伤为不可逆性损伤，导致细胞最终死亡。

高电压脉冲的灭菌效果受很多因素的影响，不仅仅取决于电场强度、脉冲宽度、电极种类等，还与液体食品的电阻率、pH、食品中微生物种类及原始污染程度等有关。目前已经成功地将高压脉冲灭菌用于牛奶、果汁等的灭菌。其灭菌过程是：

液体食品→贮液罐→热交换器、加热装置（升温至 44～50℃）→真空脱气装置（除去液体中的气体和液泡，以免影响处理槽中电场的均匀性）→脉冲电场处理槽（电场强度 12～30kV/cm，脉冲宽度 10～40μm）→热交换器→冷却装置（降温至 10℃以下）→无菌包装→冷藏。高电压脉冲杀菌是一种新型的非热杀菌技术，耗能低，具有广阔的前景。

（6）超高压灭菌　超高压灭菌技术是指将食品在 200～600MPa 超高压下进行短时间的处理，由于静水压的作用使菌体蛋白质产生压力凝固，达到完全杀菌的目的。

微生物并非一个均一的体系，而是由水、电解质、磷酸、脂肪酸、氨基酸等组成的，具有多种不同性质和多种不同构造特性。在 200～600MPa 超高压下，由于组成细胞的各物质的压缩率不同，体积变化也存在着各向异性。这些不同构造的物质界面膜在高压下就会产生断裂破坏，从而达到灭菌的目的。

超高压灭菌技术的最大优越性是对食品中的风味物质、维生素 C、色素等没有影响，营养成分损失很少，特别适用于果汁、果酱类食品的杀菌。

（7）磁力灭菌　磁力灭菌技术是把需灭菌的食品放在磁场中，在一定的磁场强度作用下，使食品在常温下达到灭菌的目的。

磁力发生装置采用直流电磁石，磁通量由次极间距和电流的大小来决定。首先放置一个非晶体的磁性体，然后将食品置于磁场中，如图 3-24 所示。通过曲轴使电机的旋转运动变成食品的上下运动，由于食品上下振荡，发生电磁诱导作用，在非晶体薄膜上生成了电动势，产生了电流。还因非晶体薄膜随食品上下移动对细菌产生搅拌作用，经过一定时间的连续振荡，可使食品达到灭菌的效果。

由于这种方式不需要加热，不影响食品的风味和品质，主要用于各种饮料、流体食品、调味品及其他各种固体食品的杀菌包装。

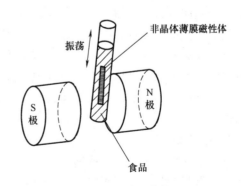

图 3-24　磁力灭菌装置

（8）臭氧灭菌　臭氧的灭菌机理主要有两种说法：一种认为臭氧很容易同细菌细胞壁中脂蛋白或细胞膜中的磷脂、蛋白质发生化学反应，从而使细菌的细胞壁和细胞膜受到破坏，导致细菌死亡；另一种说法认为臭氧可以破坏细菌中的酶或 DNA、RNA，从而使细菌死亡。

臭氧杀菌多用于饮用水或食品原料的杀菌，近年来随着人们对臭氧利用技术了解的深入，臭氧被广泛地用于食品的杀菌、脱臭、脱色等方面，尤其是用于解决固体食品在生产过程中细菌的二次污染，臭氧有着其他杀菌方法所不及的特殊作用。

除以上几种杀菌技术外，常用的还有紫外线杀菌技术、射线杀菌技术、电子辐射杀菌技术及药物杀菌技术等。当代食品杀菌工艺正在逐步摆脱传统的加热杀菌方式，向着高温短时或不直接对食品加热的方向发展，以求最大限度地减少食品中营养成分的损失，尽量保持食品原有风味，延长食品的货架寿命。

第二节　包装材料（容器）的灭菌技术

一、包装品的灭菌技术

无菌包装的包装品必须不附着微生物，同时具有对气体及水蒸气的阻隔性。所以在无菌包装前，还必须对包装品进行灭菌处理。包装容器的灭菌通常有化学灭菌和物理灭菌两种方法。

1. 化学灭菌法

（1）过氧化氢（H_2O_2）灭菌　H_2O_2 是一种杀菌能力很强的杀菌剂，俗称双氧水，毒性小，对金属无腐蚀作用，在高温下可分解为"新生态氧"和水：$H_2O_2 \rightarrow [O] + H_2O$。"新生态氧"[O] 极为活泼，有极强的杀菌能力，而水在高温下可立即汽化。它的灭菌工艺具有以下特点：①提高过氧化氢溶液的浓度，可以提高其灭菌效能，常用浓度为 25%～30%。②提高灭菌温度，可以加速新生态氧的灭菌作用，常用温度以 80℃为宜。③不同的微生物对过氧化氢的敏感程度是不同的，特别是细菌孢子具有更强的耐药力。

过氧化氢溶液灭菌可采用浸渍法或喷淋法。灭菌处理后，包装材料再经热空气烘烤，能够增强新生态氧的灭菌效果以消灭一部分残留的细菌，同时材料表面余留的过氧化氢也已消失，随即可进行充填工序。在灭菌时，如果结合使用润滑剂，可以提高灭菌的效果，这时过氧化氢的浓度仅为 15%～20%，只需要 3～4s 就能有效地杀死细菌。

（2）环氧乙烷灭菌　环氧乙烷气体主要用于食品自动包装机有关部件、包装容器和封口材料的消毒灭菌。气体温度为 50℃左右，灭菌 10～15min，能使 99% 细菌死亡，灭菌后有一部分残留的环氧乙烷附着在包装材料表面，需采取升温和减压的方法以加速环氧乙烷的散失。

2. 物理灭菌法

（1）紫外线灭菌　紫外线的灭菌机理是由于紫外线照射后微生物细胞内的核酸产生化学变化，引起新陈代谢障碍，因而失去繁殖能力。其灭菌效果与紫外线的波长、照射强度以及照射时间、湿度和照射距离有关。对于多数的微生物和细菌而言，波长在 240～280nm 的紫外线的灭菌效果最为有效。

（2）辐射灭菌　采用离子辐射的方法进行灭菌，辐射处理可以在室温下进行，能够有效地控制微生物的生长，但有些酵母和过滤性病毒具有抗辐射能力，不会被辐射能量所杀死。此外，热和光的辐射作用会损伤纸和各种塑料的原有性能。例如，聚氯乙烯受热或经紫外线照射会加速老化和分解，离子辐射会促使包装材料中成分的化学变化。研究结果表明，辐射剂量为 10kGy 或更低时，包装材料的机械性能和化学性能只有很微小的变化。

以上所说包装品的物理灭菌法也适用于被包装物品的灭菌。当前，食品灭菌工艺正在逐步摆脱传统的加热灭菌方式，向高温度短时间以及不直接对食品加热的方向发展，以求最大限度地减少食品中营养成分的损失，尽量保持食品原有风味，延长食品的储存期。此外，灭菌方式也在向着配套的方向发展，例如，采用高强度紫

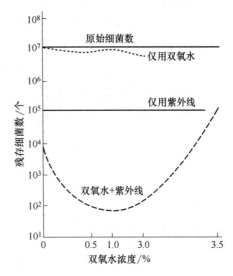

图 3-25　紫外线和过氧化氢结合灭菌的效果

外线和低浓度过氧化氢相结合的灭菌方式，能够取得显著的灭菌效果，如图 3-25 所示，使用浓度低于 1％的过氧化氢，加上高强度的紫外线在常温下产生的灭菌效力是两者单独使用时的上百倍。由于过氧化氢浓度很低，对于残留的过氧化氢也无需采取措施，避免了传统过氧化氢灭菌需高温、长时间等问题。

二、包装系统设备及环境的灭菌技术

包装系统设备及操作环境的杀菌包括以下两方面的内容。

1. 包装系统设备的灭菌

食品经杀菌到无菌充填、密封的连续作业生产线上，要防止食品受到来自系统外部的微生物污染，因此在输送过程中，要保持接管处、阀门、热交换器、均质机、泵等的密封性和系统内部保持正压状态，以保证外部空气不进入。同时要求输送线路尽可能简单，以利于清洗。无菌包装系统设备杀菌处理一般采用 CIP 原位清洗系统实施，根据产品类型可按杀菌要求设定清洗程序，常用的工艺路线为：

热碱水洗涤→稀盐酸中和→热水冲洗→清水冲洗→高温蒸汽杀菌

2. 无菌包装系统与工艺流程

无菌包装系统主要由以下部位组成：包装品输入部位、包装品灭菌部位、无菌充填部位、无菌封口部位、包装件输出部位等。但为适应不同的包装品，无菌包装系统的结构不尽相同，其工艺过程也各有特色。

（1）瓶罐无菌包装系统与工艺过程　图 3-26 为瓶罐无菌包装系统，其中被包装物品与包装瓶罐分别进行消毒灭菌。包装瓶罐由传送带送入机器，然后通过消毒灭菌部位 1，在此部位包装瓶罐被过热蒸气消毒灭菌，蒸气温度约为 200℃，但此蒸气不是饱和蒸气，因此这种空气的杀菌效果与热空气相类似。包装瓶罐经过消毒灭菌后，经过无菌空气降低

包装瓶罐的温度，在充填部位2充满无菌空气的环境条件下，把预先消毒灭菌的被包装物品充填入瓶罐，然后在部位3加上已经消毒灭菌的罐盖，在工位4将其结合处焊接起来。最后，已封入物品的包装件由传送带输出。

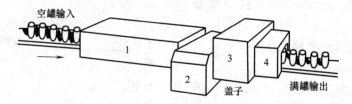

图 3-26　瓶罐无菌包装系统

1—灭菌部位　2—充填部位　3—瓶罐盖灭菌部位　4—封罐部位

（2）杯成型无菌包装系统与工艺过程　图3-27为杯成型无菌包装系统。这个系统采用过氧化氢对包装材料进行化学灭菌，两个包装材料卷筒分别将材料送入系统。卷筒1提供底部片材，卷筒9提供铝箔盖材。底部片材经过过氧化氢液槽2洗涤，然后由干燥器3作用而使过氧化氢分解，经过干燥器后的片材软化，并由加热器4加热，在成型器5处容器成型，通过充填部位6，充填后的容器进入密封部位10。同时铝箔盖材通过过氧化氢液槽7，经干燥器8除去过氧化合物，在密封部位10处将容器封盖，经冲剪模11切断，最后从传送带12输出包装件。

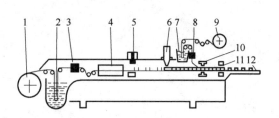

图 3-27　杯成型无菌包装系统

1—片材卷筒　2、7—过氧化氢液槽　3、8—干燥器
4—加热器　5—成型器　6—充填部位　9—铝箔盖材卷筒
10—密封部位　11—冲剪模　12—传送带

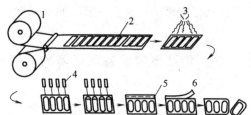

图 3-28　塑料袋无菌包装系统

1—塑料薄膜卷筒　2—制袋　3—灭菌
4—无菌充填　5—封口　6—分切

（3）塑料袋无菌包装系统与工艺流程　图3-28为塑料袋无菌包装系统。这个系统中两个塑料薄膜卷筒上下合在一起，然后封合成独立的小袋子。根据塑料材料的种类，可对这些包装袋采用不同的方式灭菌。用无菌针管将已经灭菌的被包装物品灌进这些预先杀菌的包装袋内，满袋灌装后，在灌装点以外位置封口，完成无菌包装，输出无菌包装件。

3. 包装环境的灭菌技术

操作环境的无菌包括除菌和杀菌两项工作。杀菌可采用化学和物理方法并用进行，并定期进行紫外线照射，杀灭游离于空气中的微生物。除菌是防止细菌和其他污物进入操作环境，除菌主要采用过滤和除尘方法实现，一般无菌操作空间的空气需经消毒、二级过滤和加热消毒产生无菌过压空气，其过压状态保证避免环境有菌空气渗入无菌工作区。

无菌洁净室内的填充设备均需要经过严格的消毒灭菌，包装作业完成后要用 $0.5\%\sim2\%$ NaOH 热溶液进行循环清洗，其后用稀 HCl 溶液进行中和，然后用蒸气杀菌，次日使用前还要再次蒸气杀菌。特定的阀门、旋塞等在碱洗之前要卸下清洗，包装设备本身的彻底杀菌操作是进行无菌包装时最重要的工作。

任务三　复合软包装材料的制作 🔍

能力（技能）目标	知识目标
1. 能够正确的判断果汁（或牛奶）采用的包装技术。	1. 了解百利包相关定义。
2. 能够正确选择果汁（或牛奶）包装材料的种类，并指明各部分材料的作用。	2. 掌握利乐包成型结构。
3. 了解康美盒的结构。	3. 了解康美盒无菌生产工艺过程。
4. 具有团队合作精神。	4. 会对利乐包、百利包及康美盒进行区分。

所谓复合软包装，就是用两种以上不同性质的材料复合形成的柔性包装材料、组成能充分发挥各组分材料优点的新型高性能包装。塑料软包装是指塑料薄膜的复合包装。它能集合各层薄膜的优点，克服它们的缺点，复合后获得较为理想的包装材料，能满足多种产品的要求。

随着材料加工技术的进步，现在的复合包装材料品种多样，性能各异，与其他包装材料相比，其主要特点如下：①质量轻、透明、柔软；②具有良好的气密性和热封性；③能防潮、防气、防紫外线，耐热性、耐寒性能优良；④具有良好的尺寸稳定性，化学性质稳定，有优良的耐化学药品性和防油脂性；⑤有抗撕裂、耐针刺、耐疲劳、抗冲击、耐摩擦、防老化性；⑥机械加工适性优良。

第一节　利　乐　包

利乐包是瑞典利乐公司（Tetra Pak）开发出的一系列用于液体食品的包装产品。该产品在中国的饮料包装市场占有领先地位。我国自 1979 年引进利乐纸盒无菌包装机以来，已有 200 多台用于生产牛奶、果汁、乌龙茶等无菌纸盒包装，是目前我国应用最广泛的无菌包装形式。利乐公司已在江苏昆山市和广东佛山市等地建立技术中心和纸包装材料生产厂，为中国的用户提供包装系统的维修、管理人员培训和纸包装材料。

1. 利乐包的包装材料和包装形式

利乐包以纸板卷材为原料，在无菌包装机上成型、充填、封口和分割为单盒，采用纸板卷材具有节省储存空间、容器成型与产品包装一体可避免污染、操作强度低和生产效率高等优点。

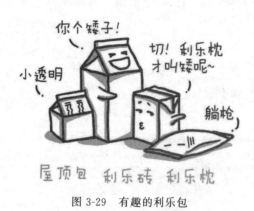

图 3-29　有趣的利乐包

PE(内层2)	→ 防止泄漏
PE(内层1)	
铝箔	→ 阻气、阻氧、阻光
粘合层	→ 使铝箔与纸板紧密相联
纸板80%	
油墨	→ 保护油墨、防潮
PE	

图 3-30　利乐包的纸包装材料结构

利乐包的纸包装材料结构见图 3-30，包装材料以纸板为基材（占 80%），与多层塑料和铝箔复合，包括印刷的油墨层在内共有 7 层，各层的功能如下（从外层到内层）：①最外层为 PE，用以保护印刷图案的油墨和防潮，并用于纸盒的上、下折叠角与盒体粘合。②第二层是纸板，用以印刷图案，并给予包装一定的刚度使纸盒放置稳定。③第三层是 PE 粘合剂，用作铝箔与纸板的粘合。④第四层是铝箔，用作气体和光的阻隔，防止氧和光对产品的影响。⑤最内两层是 PE 或其他塑料，防流质食品的液体泄漏。

图 3-31 为利乐枕的结构示意图。

图 3-32 是利乐包纸板卷材的生产过程，纸板先印刷图案再与铝箔、聚乙烯层复合，最后分割成单个纸板卷材。

利乐包的包装形式有菱形、砖形、屋顶形、利乐王等，如图 3-29 所示，其中菱形是早期采用的包装形式，目前多为砖形或屋顶形包装。包装盒顶端均有圆形或易开式封贴，

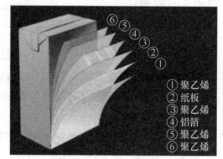

图 3-31　利乐枕结构图
1—外保护层聚乙烯（防潮、防尘、保护印刷）
2—基层纸板（保持挺度，提供印刷载）　3—隔绝层聚乙烯
4—铝箔（阻隔空气、紫外线、增强容器强度）　5—粘合聚乙烯
6—内层聚乙烯（接触饮料、阻挡水分渗透、且易被热封合）

①聚乙烯
②纸板
③聚乙烯
④铝箔
⑤聚乙烯
⑥聚乙烯

便于插入吸管或开口。利乐包的容量从 125mL 至 2000mL。利乐包的纸板卷的常用规格为 1200mm×1200mm，可加工 1L 容量的砖形包装盒 37000 包或 200mL 容量的砖形包装盒 126000 包。

2. 利乐砖形盒无菌包装机的结构和无菌包装过程

图 3-33 是 TBA/8 砖形盒无菌包装机的外形结构和工作原理，主机包括材料灭菌、纸板成型封口、充填和分割等机构，辅助部分有：提供无菌空气和双氧水等装置。包装纸板从纸卷 1 经过打印日期装置 4、双氧水浴槽 8 后进入机器上部的无菌腔并折叠成筒状，由纵缝加热器 13 封接纵缝。物料从充填管 12 充入纸筒，接着横向封口钳 19 将纸筒挤压成砖形盒横向封口，并切断为单个盒离开无菌腔。由两台折叠机将砖形纸盒的顶部和底部折叠成角并下曲与盒体粘接。TBA/8 砖形盒无菌包装机的包装范围为 124～355mL，而

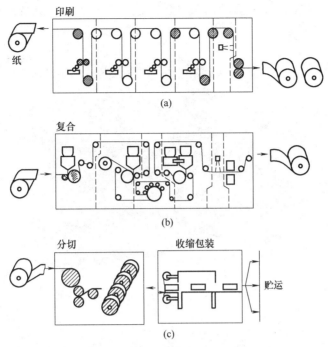

图 3-32　利乐包纸板卷材的生产过程

（a）纸板印刷　（b）纸板与铝箔、聚乙烯层复合　（c）分割

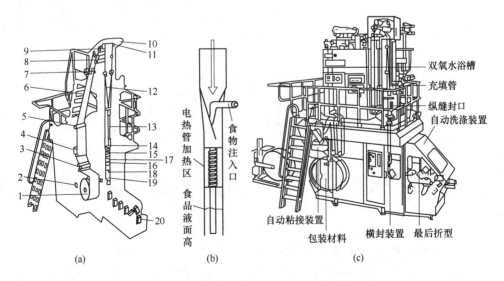

图 3-33　L-TBA/8 砖形盒无菌包装机的外形结构和工作原理

（a）工作原理　（b）食品灌装　（c）外形结构

1—纸板卷　2—光敏传感器（监测两卷纸板的接头）　3—纸板平服辊　4—打印日期装置　5—纸板弯曲辊
6—纸板接头记录器　7—纸盒纵缝粘接带粘接器　8—双氧水浴槽　9—双氧水挤压辊　10—无菌空气收集罩
11—纸板转向辊　12—物料充填管　13—纸筒纵缝加热器　14—纵缝封口器　15—环形加热管
16—纸筒内液面　17—液面浮标　18—充填管口　19—纸筒横向封口钳　20—纸盒产品

TBA/9 包装范围为 125～284mL，生产能力为 6000 包/h。

图 3-34 是利乐 TB A/19 砖形盒无菌包装机的外形结构，TB A/19 无菌灌装机属于封闭式无菌包装系统，单机生产能力为 7500 包/h，容量规格 250mL。

图 3-34　利乐 TBA/19 砖形盒无菌包装机的外形结构

第二节　百　利　包

百利包（PrePack）是以法国百利公司无菌包装系统生产的包装。其结构为多层无菌复合膜，有三层黑白膜，也有高阻隔 5 层、7 层共挤膜及铝塑复合膜，材料不同其保质期跨度从 30 天到 180 天不等。如图 3-35 所示，百利包安全卫生、方便，价格适中，占据很大的消费市场。

图 3-35　百利包

1. 百利包纯牛奶生产工艺

百利包纯牛奶生产工艺流程为：原奶检验→收奶→贮存→标准化、巴氏杀菌→配料→超高温灭菌→无菌灌装→装箱→出厂。

① 原奶的验收。在乳制品生产过程中，未经任何处理加工的生鲜乳称为原料乳。优质的乳制品需要优质的原料，因此需要掌握原料乳的质量、标准和验收方法。

② 原料乳的验收方法。分感官检验、理化指标和微生物检验三个方面。表 3-4 为原料乳的质量评定表，大家可以作为对知识点的一个理解。

表 3-4　　　　　　　　　　　　　原料乳的质量评定表

检测项目	特级乳	一级乳	二级乳
气味	具有新鲜牛乳固有的香味，微甜，无饲料味、酸味及其他异味	同特级	同特级
外观	呈乳白色或稍带黄色的均匀胶态流体，无凝块，不含其他异物	同特级	同特级
杂质	无草屑、尘土、昆虫等机械杂质	同特级	同特级
酒精实验	72%中性酒精同等量牛乳混合（10～15℃），5s 内无变化	70%中性酒精同等量牛乳混合（10～15℃），5s 内无变化	68%中性酒精同等量牛乳混合（10～15℃），5s 内无变化
酸度	18 以下	19 以下	20 以下
相对密度	≥1.028	≥1.027	≥1.026
脂肪	≥3.20	≥3.00	≥2.80
细菌检验	总细菌数≤50 万/mL	总细菌数≤100 万/mL	总细菌数≤200 万/mL
煮沸实验	不发生蛋白质凝固现象	同特级	同特级

③ 感官检验。正常乳为乳白色或者微黄色，不含有肉眼看不见的异物和异常气味。

④ 生理化指标。GB 69140—1986 中规定，脂肪≥3.10%，蛋白质≥2.95%，酸度≤1.62%。

⑤ 细菌指标。控制原乳中细菌数量，细菌含量<250μg/mL。

2. 百利包的结构

（1）常见的复合结构

PE＋白色母/EVOH/PE＋黑色母。

（2）作用

PE＋白色母：在外层主要用于印刷。

EVOH：防渗透性、耐磨性、伸缩性、耐寒性和表面强度都非常优异。

PE＋黑色母：起热封和遮光作用。

EVOH（也称 EVAL）是乙烯-乙烯醇无规共聚物，是一种具有链式分子结构的结晶性聚合物。

白色母：PE（或 PS/PP）载体，是一种载色剂、分散剂、染色剂和增白剂。

黑色母是色母粒的一种，黑色母是由高比例的颜料或添加剂与热塑性树脂，经良好分散而成的塑料着色剂，即：颜料＋载体＋添加剂＝色母粒。

百利包包装安全卫生，具有一定的保鲜性，但较无菌枕包装而言，保质期稍短，图 3-36 为一种无菌百利包灌装机。

图 3-36　无菌百利包灌装机

第三节　康　美　盒

PKL 包装公司是预制纸盒包装系统主要制造商之一。该公司在 20 世纪 60 年代开发

图 3-37　康美盒

的 Blocpak 在欧洲成为鲜奶和奶制品的领先包装系统。如图 3-37 所示为康美盒包装产品，随着"康美盒"（Combibloc）的推出，用无菌预制纸盒包装的新鲜食品达到了一个新的水平，到 20 世纪 70 年代实现了国际性的突破。目前，康美盒除广泛用于牛奶、果汁无菌包装外，还可包装糊状食品和含颗粒流质食品的无菌包装。

1. 康美盒的包装材料和制盒过程

康美盒的包装材料是 6 层结构的复合纸板（图 3-38），其基材采用高质量的漂白纸板、部分漂白或未漂白纸浆单层或多层加工，有时表面涂布黏土以增强印刷效果。这种纸浆用软木和硬木混合，其质量符合国际食品包装材料的要求。根据纸板加工质量，用于流质食品或饮料的纸板污染细菌数为 10～300 个/g，如起皱的纸板则高达 105 个/g。纸板复合过程是：纸板外层用挤出法涂布 LDPE 以提供良好的印刷表面和热封性；纸板内表面再用 LDPE 与 6.5um 铝箔粘合；最内层用粘合剂与 LDPE 膜粘合，成为与食品接触的无毒层。整个复合纸板的 70％为纸板，25％是聚乙烯，5％是铝箔。通常，1L 的包装盒需要 28g 复合纸板。

图 3-38 是康美盒制盒过程示意图，先在纸板上印刷图案，再进行分割、折叠、压痕制成盒坯，盒坯的纵向缝密封采用火焰加热的专利技术，使之粘合成开口的纸筒，最后将折叠的盒坯装箱送至用户。盒坯纵缝的结构见图 3-39，纵缝的折边先被削薄，然后再将折边的 LDPE 层与纸板内层的 LDPE 层叠合加热密封，使食品完全与无毒的 LDPE 层接触。

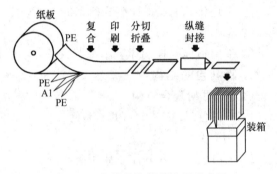

图 3-38　康美盒的制盒过程示意图

康美盒可以根据用户的要求改变包装的容量。常用的有以下几种规格：

① 底部截面积为 63mm×95mm 的 Cb5 系列型号有 500mL、568mL、750mL、1000mL 和 1100mL 等 5 种规格，生产速度为 5000 盒/h。

② 底部截面积为 47.5mm×76mm 的 Cb6 系列型号有 200mL、250mL、300mL、350mL、375mL、400mL、500mL 等 8 种规格，生产速度为 6000 盒/h。

③ 底部截面积为 40mm×63mm 的 Cb7 系列型号有 150mL、170mL、200mL、250mL、300mL、330mL、、350mL 等 7 种规格，生产速度为 6000 盒/h。

此外，国际纸业公司也生产供一般包装用的预制纸盒，近年在上海建立了年产 10 亿只屋顶式纸盒的纸包装材料厂。

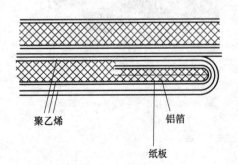

图 3-39　盒坯纵缝结构

2. 康美盒无菌包装系统工艺过程

图 3-40 是康美盒无菌包装机构的工艺过程示意图，型芯将纸盒坯张开后经盒坯输送台 1 送入定形转轮 4 的支座上，转到下部时将盒底密封成为一个上部开口的纸盒。纸盒纵向步进时先用 H_2O_2 和热空气混合杀菌，在机器的无菌部位，灭菌产品一步或分两步充填入无菌纸盒，注入无菌气流消除盒顶泡沫而构成小的顶隙。盒顶盖成型并用超声波将盒顶密封，如果需要包装产品有较大的顶隙，可使产品摇动然后在充氮气下充填。

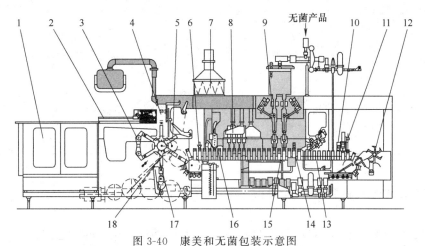

图 3-40　康美和无菌包装示意图

1—盒坯输送台　2—盒坯底部加热装置　3—活动吸盘　4—定形轮　5—顶部折纹装置　6—H_2O_2 蒸气收集罩
7—热空气干燥装置　8—灌装机构　9—热印装置　10—顶部压平装置　11—传送轮
12—盒顶部封口装置等组成　13—盒顶部封口装置等组成　14—除沫器　15—灌装机构
16—喷 H_2O_2 装置　17—盒坯底部密封装置　18—盒坯底部折叠装置

图 3-41 为康美盒无菌包装系统工艺过程示意图，请同学们自己查阅资料，熟悉整个工艺过程。

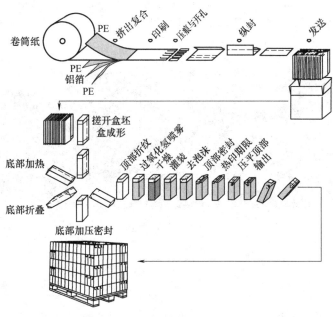

图 3-41　康美盒无菌包装系统工艺过程示意图

项目四　药品包装

任务一　泡罩包装 🔍

能力（技能）目标	知识目标
1. 能够正确的判断胶囊等采用的包装技术。	1. 掌握泡罩包装的定义。
2. 具有分析泡罩包装材料组成和性能的能力。	2. 掌握泡罩包装的工艺流程。
3. 具有分析泡罩包装生产设备特点的能力。	3. 熟悉泡罩包装的材料组成及种类。
4. 具有正确设计其工艺流程的能力。	4. 掌握泡罩包装的设备组成。

泡罩包装（blister packaging）是将被包装物品封合在透明塑料薄片形成的泡罩与衬底（用纸板、塑料薄片、铝箔或他们的复合材料制成）之间的一种包装方法。图 4-1 所示的胶囊目前多采用的包装技术是泡罩包装。

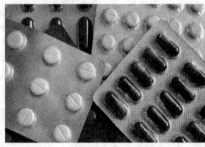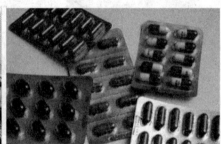

图 4-1　胶囊的包装

一、概述

最初的泡罩包装主要用于药品包装。当时为了克服玻璃瓶、塑料瓶等瓶装药品服用不便，包装生产线投资过大等缺点，加之计量包装、药品小包装的需求量越来越大，因此在20世纪50年代出现了泡罩包装并得到广泛使用。后来经过对泡罩包装材料、工艺和机械等的深入研究和不断改进，使其在包装品质、生产速度和经济性等方面，都取得很大进展。现在，除了药品片剂、胶囊和栓剂等包装外，在食品和日用品等物品的包装中也得到了广泛的应用。

泡罩包装可以保护物品，防止潮湿、灰尘、污染、盗窃和破损，延长商品储存期，并且包装是透明的，衬底上印有使用说明，可为消费者提供方便。药品按计量封装在一块铝箔衬底上，铝箔背面印着药品名称、服用指南等信息，国外称为PTP（press through pack）包装，国内称为压穿式包装。因为在服用时，用手按压泡罩，药品即可穿过衬底铝箔而取出，或直接送入口中，避免污染。有些小件商品如圆珠笔、小刀、化妆品等采用纸板衬底的泡罩包装，衬底可以做成悬挂式，挂在货架上，十分显眼，起到美化和宣传作用，有利于促进销售。

1. 泡罩包装的形式

常见的泡罩形式如图4-2所示，图中（a）泡罩直接封合在衬底上；（b）衬底插入泡罩的沟槽内；（c）压穿式泡罩；（d）泡罩封合在模切的衬底上；（e）泡罩插入衬底的沟槽中；（f）衬底有铰链开口；（g）衬底有折叠部分，物品可立放或挂在货架上；（h）内装物品可以从泡罩内挤出，而不需打开泡罩；（i）双面泡罩，衬底上有模切的孔；（j）双层衬底；（k）全塑料无衬底的分隔式条状包装；（l）多泡罩分隔式包装；（m）全塑料胶结式或双泡罩无衬底包装；（n）滑槽式可取出内装物品的泡罩包装。

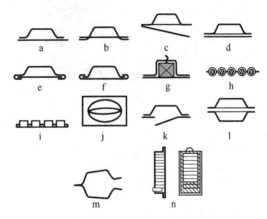

图 4-2　常见的泡罩包装形式

2. 泡罩与衬底的连接方式

衬底是构成泡罩包装的基础，它对泡罩包装的美观和品质有很大影响。图4-3是泡罩与衬底连接的横截面图。

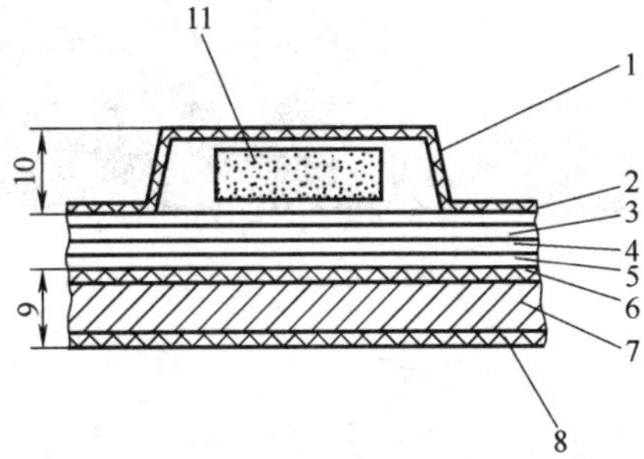

衬底与泡罩连接的方法有很多，除热封外，还可用其他封合方法。以图4-2中的泡罩包装形式为例，其中1在塑料薄片上方加热，热量透过薄片使之与衬底封合，也可以从下方通过衬底加热，使之与泡罩封合；9、10是从上下两个方向加热，是衬底与夹在中间的塑料薄片进行封合；2是将衬底插入泡罩的沟槽中；5是将泡罩插入衬底的沟槽中，这种连接方法可用胶粘或订合，封合方法可根据具体情况选用。

图 4-3　泡罩包装横截面图

1—塑料片材　2—热封涂层　3—印刷油墨层
4、5—白土涂层　6—化学表面处理层
7—内施胶　8—化学表面处理层　9—原纸
10—泡罩　11—产品

二、泡罩包装的包装材料

泡罩包装所用的材料主要有塑料薄片、衬底材料、热封涂层材料及衬底印刷油墨等。

1. 塑料薄片材料

如图 4-4 所示，泡罩包装采用的塑料薄片种类和规格很多，选用时必须考虑被包装物品的大小、质量、价值和抗冲击性等，还需考虑被包装物品是否有尖锐或突出的棱角，以及材料自身的热封性和易切断型。

图 4-4　塑料薄片材料

泡罩包装用的硬质塑料片材有纤维素、聚苯乙烯和乙烯树脂三类，其中纤维素类应用最普遍，有醋酸纤维素、丁酸纤维素、丙酸纤维素等，它们都具有极好的透明性和热成型性，较好的热封性及抗油脂性，但纤维素的热封温度一般比其他塑料片材要高一些。

定向拉伸聚苯乙烯透明性极好，具有良好的热封性，但抗冲击性差，容易破损，低温时则更甚。

乙烯树脂价格一般比聚苯乙烯便宜，有硬质的也有软质的，并有较好的透明性。它与带涂层的纸板都有良好的热封性，加入增塑剂后可提高耐寒性和抗冲击性。

对于要求阻隔性和避光的内装物品，应采用塑料薄片和铝箔的符合材料；包装食品和药品则需要采用无毒塑料和无毒聚氯乙烯等，而且必须完全符合卫生标准。

2. 衬底材料

如图 4-5 所示，衬底常用白纸板，白纸板用漂白硫酸盐木浆制成，或用再生纸板为基层上覆盖白纸制成。在选用时应考虑内装物品的大小、形状和质量。

衬底的表面应洁白有光泽，印刷适性好，能牢固地涂布热封涂层，以保证热封涂层熔融后，可将衬底和泡罩紧密地结合在一起，以免内装物品掉出。

图 4-5　白纸板

白纸板衬底的厚度范围为 0.35～0.75mm，常用纸板厚度为 0.45～0.60mm。

衬底材料还可选用 B 型或 E 型涂布瓦楞纸、带涂层铝箔和各种复合材料，特别是在医药包装中使用铝箔制作压穿式包装。

3. 热封涂层材料

热封涂层应该与衬底和泡罩有兼容性，要求热封温度应相对低些，以便能很快地热封而不致使泡罩薄膜破坏。目前药品泡罩包装使用的热封涂层材料主要分为单组分胶粘剂和双组分胶粘剂。单组分胶粘剂主要由天然橡胶或合成橡胶以及硝棉、丙烯酸酯类组成，具有不干性和热溶性，具有一定的粘合强度。双组分胶粘剂主要是聚氨酯胶，具有较好的耐高低温、抗介质侵蚀、粘接力高等特点，可同时对多种材料起粘接作用。双组分胶粘剂已广泛应用于衬底铝箔涂布用粘合剂以及各类塑料薄膜的复合工艺中。其他常用热封涂层材料有耐溶性乙烯树脂和耐水性丙烯酸树脂，它们都具有良好的光泽、透明性和热封合性能。

4. 衬底印刷油墨

从药品泡罩包装衬底铝箔的印刷工艺和药品包装的特殊要求上考虑，其印刷油墨必须对铝箔有良好的黏附性，印刷文字图案牢固清晰，溶剂释放性好，耐热性能好，耐摩擦性能优良，光泽好，颜料须无毒，不污染所包装的药品，实用黏度应符合铝箔印刷的工艺要求。目前应用于衬底铝箔印刷油墨主要分为两大类：第一类是醇溶型聚酰胺类油墨。由于聚酰胺树脂对各类物质都有很好的黏附性，尤其适应于印刷聚烯烃类薄膜，加上分散性好、光泽好、柔软、耐磨性好，溶剂释放及印刷性良好，所以最多的是被用于调配专用的各种塑料薄膜经处理后的 LDPE、CPP、OPP 等表面印刷的凹版表印油墨，此种油墨具有光泽好、用途广、抗粘连、易干燥等特点，也被应用于药品泡罩包装衬底铝箔印刷。第二类油墨是以氯乙烯醋酸乙烯共聚合树脂丙烯酸树脂为主要成分的铝箔专用油墨。其特点是色泽鲜艳，浓度高，与铝箔的黏附性特别强，有良好的透明性，铝箔的金属光泽再现性优异，通过调整其混合溶剂组成，适应铝箔表面印刷需要，将会更多地应用于衬底铝箔印刷。

三、泡罩包装工艺

泡罩包装的泡罩空穴有大有小，形状因被包装物品形状而异，有用衬底的，也有不用衬底的，而且泡罩包装机的类型也比较多。尽管如此，泡罩包装的基本原理大致上是相同的，其典型工艺过程如图 4-6 所示。

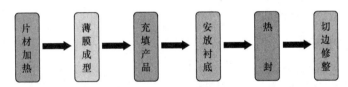

图 4-6　泡罩包装的典型工艺过程

完成以上过程，可用手工操作、半自动操作和自动操作三种方式。

1. 手工操作

塑料薄片泡罩预先成型，衬底预先印刷并切割好，包装时用手工将物品装入泡罩内，盖上衬底，然后用热封器将泡罩与衬底封合为一体。有些物品对流通环境的温度和湿度要求不高，可不予热封，而用订书机订封。

2. 半自动化操作

将卷筒的或单张的塑料薄片送入半自动泡罩包装机内，机器操作是连续的或间隙的。成型模具的熟料根据物品的大小和生产量而定，一般都采用多列式。薄片经成型冷却后，用手工将物品装入泡罩内，将卷筒或单张形式的印刷好的衬底覆盖在泡罩上，再进行热封、切边，得到完整的包装件。

3. 自动化操作

自动化操作时，除了以上包装工序外还可将打印、装说明书、装盒等工序与生产线相连，其生产流程如图 4-7 所示，其中：①工位是将卷筒塑料薄片向前送进；②工位是将薄片加热软化，在模具内用压缩空气压制或用抽真空吸制成泡罩；③工位用自动上料机构充填物品；④工位检测泡罩成型质量和充填是否合格。在快速自动生产线上，常采用光电检测器，出现不合格产品时，将废品信号送入记忆装置，待切边工序完成后，将废品自动剔除；⑤工位是将卷筒衬底材料覆盖在已充填好的泡罩上；⑥工位用板式或辊式热封器将泡罩与衬底封合在一起；⑦工位在衬底背面打印号码和日期等；⑧工位切边后形成包装件。如果装有剔除废品装置，则在切边工序之后，根据记忆装置储存的信号剔除废品。

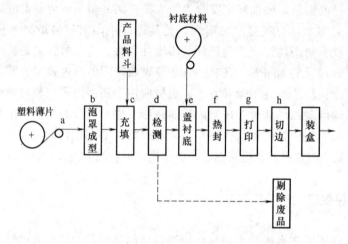

图 4-7　自动化泡罩包装生产线生产流程框图

这种自动包装生产线适合于单一品种大批量生产，它的优点是生产效率高、成本低，而且符合卫生要求。

四、泡罩包装设备

1. 泡罩包装设备的组成

泡罩包装设备的类型虽然很多，但其工艺过程均如图 4-8 所示。首先，卷筒塑料薄片 1 被输送到加热器 2 下而加热软化，软化的薄片输送到成型器 3，然后从上到下向模具内充入压缩空气，使薄片紧贴于阴模壁上而形成泡罩或空穴等（如泡罩不深、薄膜不厚时，也可采用抽真空的方法，从成型器底部抽气而吸塑成型），成型后的泡罩用推送杆 4 送进，有定量充填器 5 充填被包装物品，经检验后，覆盖印刷好的衬底材料 6，用热封器 7 将衬底与泡罩封合，由裁切器 8 冲切成单个包装件 10，从传送带 9 输出。

由此可见，泡罩包装设备由以下部分组成：

（1）加热部分　对塑料薄片进行加热使其软化以便于成型。加热的方式有两种：直接加热与间接加热。直接加热使薄片与加热器接触，加热速度快，但不均匀，适于加热较薄的材料；间接加热是利用辐射热靠近薄片加热，加热透彻而均匀，但速度较慢，适于较厚的材料。

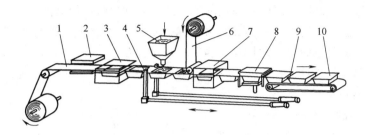

图 4-8　泡罩包装工艺过程示意图

1—卷筒塑料薄片　2—加热器　3—成型器　4—推送杆　5—定量充填器

6—卷筒衬底材料　7—热封器　8—裁切器　9—传送带　10—包装件

（2）成型部分　泡罩成型有两种方式，即压塑成型和吸塑成型。压塑成型是用压缩空气将软化薄片吹压向模具，使之紧贴模具四壁而形成泡罩之空穴，模具采用平板形状，一般为间歇传送，也可用连续传送，其成型品质好，对深浅泡罩均适用。吸塑成型是用抽真空的办法，将软化的薄片吸附在模具的四壁而形成泡罩之空穴，模具多采用连续传送的滚筒形状，因真空所产生的吸力有限，加上成型厚泡罩脱离滚筒时受到角度限制，故只适用于较浅的泡罩和较薄的塑料片材。

（3）充填装置　多采用定量自动充填装置。

（4）热封装置　有平板式和滚筒式两种，平板式用于间歇传送，滚筒式用于连续传送。

2. 泡罩包装设备的分类

泡罩包装设备按自动化程度分类，有半自动包装机、自动包装机和自动包装生产线三种。

（1）半自动包装机　多为卧式间歇传送方式，以手工充填为主，生产效率较低，用于包装单件、颗粒状物品。这种设备在改变品种时，更换模具快，多使用于多品种小批量生产。

（2）自动包装机　以卧式为主，有间歇式与连续式操作两种，它们具有一定的生产效率和通用性，既适用于多品种小批量生产，也适用于单一品种的中批量生产。

（3）自动包装生产线　有卧式与立式两种，主要用于药品（药品、胶囊和栓剂等）包装，也称为 PTP 自动包装线。这种设备一般采用多列式结构，生产率高，包装品质好，并带有检测装置和废品剔除装置，可将打印、分发使用说明书和装盒工序联结于生产线内，是有代表性的包装自动生产线。

图 4-9 为连续式滚筒型 PTP 自动包

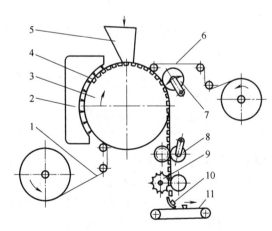

图 4-9　连续式滚筒型 PTP 自动包装生产线工艺过程示意图

1—卷筒塑料薄片　2—加热器　3—成型滚筒

4—负压成型的泡罩　5—料斗　6—衬底材料

7—热压器　8—剥离辊　9—裁切辊

10—包装件　11—输出传送带

装生产线工艺过程示意图，图中卷筒塑料薄片 1 输送到成型滚筒 3 上，用加热器 2 间接加热，用吸塑成型法制成连续的负压成型的泡罩 4，并在连续传送过程中用料斗 5 充填物品。与此同时，覆盖用的衬底材料 6 由热压辊 7 封合在泡罩上，封盖后的泡罩经剥离辊 8 和裁切辊 9 后称为包装件 10，从传送带 11 输出。这种自动包装生产线的生产速度可达 1500～5000 片/min。

图 4-10 为间歇式平板型 PTP 自动包装生产线的工艺过程示意图，图中卷筒塑料薄片 1 经调节辊 2，通过加热器 3 间接加热，用压塑成型法在平板式成型器 4 上制成泡罩，在成型时，薄片停歇不动，成型后的薄片由输送器带动前进一个步距，其距离等于加热器的长度，然后输送器返回原始位置，成型的泡罩在料斗 6 处充填物品。与此同时，覆盖用的衬底材料 7 经输送辊 8 送至热封辊 9，封合在泡罩上，

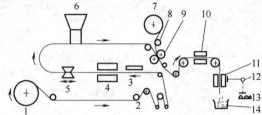

图 4-10　间歇式 PTP 自动包装线工艺过程示意图
1—卷筒塑料薄片　2—调节辊　3—加热器　4—成型器
5—输送辊　6—料斗　7—衬底材料　8—输送辊
9—热封辊　10—打印装置　11—冲切装置
12—吸头　13—包装件　14—废料箱

封盖后的泡罩经过打印装置 10 和冲切装置 11 完成相应的工序，切下的边角余料落入废料箱 14 中，包装件 13 由吸头 12 输出。这种自动包装生产线的生产速度为600～1800 片/min。

任务二 | 集合包装技术　🔍

能力（技能）目标	知识目标
1. 具有合理使用集装箱、托盘的能力。	1. 掌握集合包装的概念并了解其应用。
2. 能够正确分析拉伸包装的工艺过程。	2. 了解拉伸包装的原理及优缺点。
3. 具有正确分析新鲜蔬菜、托盘的包装方法的能力。	3. 掌握拉伸薄膜主要性能指标和常用的收缩薄膜种类。
4. 掌握收缩包装的定义，并熟知其应用。	4. 了解收缩包装的原理及优缺点。

集合包装是指将许多小件的有包装或无包装货物通过集器器具集合成一个可起吊和叉举的大型货物，以便于使用机械进行装载和搬运作业。集装器具按形态大致可划分为捆扎集装、托盘、集装架、集装袋、集装网和集装箱六大类。如图 4-11 所示，集合包装的目的就是为了节省人力物力，降低货物的运输包装成本。

第一节　集　合　包　装

1. 集合包装的优点

集合包装的出现，是对传统包装运输方式的重大改革，在运输包装中占有越来越重要

图 4-11　集合包装

的地位。它之所以受到重视，是因为它有许多与众不同的优点。

（1）运输迅速，加速车船周转　集合包装商品在流通过程中，无论经过何种运输工具，装卸多少次，都是整体运输，无需搬动内装物。这种运输方式，大大缩短商品装卸时间，如一艘万吨货轮货物，按常规装卸需时 16 天，而用集装箱装卸同样吨位的货物，仅需 1 天。

（2）大大提高劳动生产率　集合包装的装卸均采用机械化操作，效率大为提高，如用集装箱装卸的劳动生产率，比用人工装卸常规货物要提高 15 倍以上，同时劳动强度大大降低。

（3）能可靠地保护商品　集合包装将零散产品或包装件组合在一起，固定牢靠，包装紧密，每个集合包装均有起吊装卸装置，无需搬动内装物，商品得以有效保护，这对易碎、贵重商品尤为重要。

（4）节省包装费用　按常规包装，为保护商品，势必要消耗大量包装材料，而采用集合包装，可以降低原外包装用料标准，有的甚至可不用外包装，节省包装费用，据统计，日本用集装箱装运电线，节省包装费 50%，装运电视机，节省包装费 55%。

（5）提高利用率　缩小包装件体积，提高了仓库、运输工具容积利用率。由于商品单个包装简化，减小了单个包装体积，单位容积容纳商品数增多，如用集装箱装载可比原来提高容积利用率 30%～50%。

（6）促进包装标准化　集合包装有制定好的国际标准，为了有效利用它们的容积，要求每种商品的外包装尺寸必须符合一定标准，否则会留有空位，从而促进了包装标准化。

（7）降低贮存费用　集合包装容纳商品多，密封性能好，受环境气候影响，即使露天存放也对商品无碍，因此，节省仓容，降低贮存费用。

（8）降低运输成本　采用集合包装，单位容积容纳的商品增多，提高了运输工具的运载率，简化了运输手续，且集装箱、托盘等可多次周转使用，运输成本自然降低。

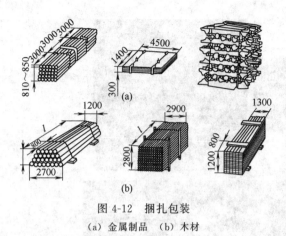

图 4-12　捆扎包装

(a) 金属制品　(b) 木材

2. 集合包装的形式

（1）捆扎集装　捆扎集装是用捆扎材料将金属制品、木材之类的货物组合成一个独立的搬运单位的集合包装方法，如图4-12所示。

常用器材：钢丝、钢带、焊接链、钢丝绳及各种塑料捆扎带。

适合货物：圆钢、型钢、钢管、金属板材、金属铸锭、原木、方木、木板及袋装货物。

特点：消耗材料少、自重轻、成本低、装卸方便、装卸效率高、有利于防止货物丢失。

（2）托盘集装　托盘（Pallet）是指上面为矩形的载货平面，侧面设有可供叉车叉举的叉孔，将有包装或无包装的小件货物有序的码放在其上进行搬运装卸的集合包装方法，如图4-13所示。

图 4-13　托盘集装

常用材料：木材、塑料、钢材和纸板。

适合货物：箱装货物、桶装货物、袋装货物、框装货物、捆装货物以及一些无包装的货物。

特点：托盘是与叉车配合作用的集装器具，就使用范围和使用数量而言，托盘在各种集装器具中居于首位。

（3）集装架　对于批量大、形状又很复杂的产品起固定和保护产品的，并为产品集装后提供起吊、叉举、堆码提供必要装置的框架结构的集合包装方法，如图4-14所示。

常用材料：木材、钢材。

适用的货物：形状复杂的不能使用托盘的货物。

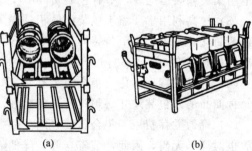

图 4-14　集装架

(a) 内齿轮集装架　(b) 柴油机集装架

特点：相对于原来木箱包装，集装架可以长期周转复用，节省大量的包装费用，而且可以提高装载量。

（4）集装袋 集装袋是柔性集装器具，可以集装 1t 以上的粉状货物，如图 4-15 所示。

常用材料：强度较高的纤维布涂以橡胶或聚氯乙烯制成（帆布集装袋），塑料帆布袋（3～5 年），橡胶帆布带（8 年）。

适用货物：粉状货物（水泥、纯碱、化肥、饲料、砂糖、食盐）。

特点：材料阻隔性好、耐酸、耐碱、防水、防潮等；集装袋设有布吊索和装卸料口，易于起吊操作；集装袋密封性好、强度高、破包率为零，适于长期周转使用；空袋重量轻、体积小、回收时占用的空间小。

（5）集装网 集装网是柔性集装器具，可以集装 1～5t 的小件袋装货物以及无包装的货物，如图 4-16 所示。

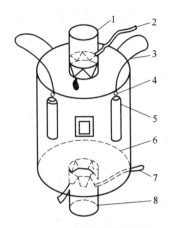

图 4-15 圆筒形集装袋

1—装料口 2—进料口系紧袋
3—挂吊索 4—吊环 5—布袋
6—袋体 7—卸料口系紧袋 8—卸料口

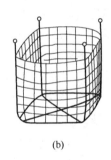

(a)   (b)

图 4-16 集装网
(a) 盘式 (b) 箱式

常用材料：合成纤维绳、钢丝绳。

适用货物：粮食、瓜果、蔬菜、土特产、化工产品。

特点：重量轻、成本低、运输和回收占用空间小；盘式集装网由合成纤维绳编成，强度高、耐蚀性好，只是耐光、耐热性差。箱式集装网的网体用柔性较好的钢丝绳加强，钢丝绳的 4 个端头设有钢质吊环易于起吊。

（6）集装箱 集装箱（Container）是指具有一定强度、刚度和规格专供周转使用的大型装货容器，如图 4-17 所示。

常用材料：集装箱一般由钢板、铝板等金属制成，可以反复使用周转，既是货物的运输包装，又是运输工具的组成部分。

适用场合：货流量大、稳定集中，能实现水陆联营，生产厂到零售商店或消费者的"门到门"运输。

优点：可应用机械快速装卸；强度大，可减少货损与货差；节约产品包装材料，简化货运作业手续，提高效率；减少运营费用，降低运输成本，便于自动化管理。

缺点：投资大，需要专业设备及专用码头等。

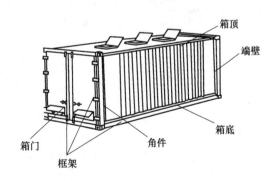

箱顶
端壁
箱底
角件
箱门
框架

图 4-17 集装箱

3. 托盘包装工艺

托盘是用于按一定形式堆码货物，可进行装卸和运输的集装器具。托盘包装是将若干包装件或货物按一定的方式组合成一个独立搬运单元的集合包装方法，它适合于机械化装卸运输作业，便于进行现代化仓储管理，可以大幅度提高货物的装卸、运输效率和仓储管理水平。

（1）托盘包装工艺 托盘包装是将若干个包装产品堆码在托盘上，通过捆扎、裹包或胶粘等方法加以固定，形成一个独立的搬运单元，以便于机械化装卸、运输的一种集合包装方法。这种包装方法的优点是整体性能好，堆码平整稳固，在储存、装卸和运输等流通过程中可避免包装件散垛摔箱现象。适合于大型机械进行装卸和搬运，与依靠人力和小型机械进行装卸小包装件相比，其工作效率可提高 3~8 倍；可大幅度减少货物在仓储、装卸、运输等流通过程中发生碰撞、跌落、倾倒及野蛮装卸的可能性，保证货物周转的安全性。但是，托盘包装增加了托盘的制作和维修费用，需要购置相应的搬运机械。有关资料表明，采用托盘包装代替原来的包装，可以使流通费用大幅度降低，其中家电降低 45%，纸制品降低 60%，杂货降低 55%，平板玻璃、耐火砖降低 15%。

（2）托盘堆码方式 托盘简单重叠式方式一般有四种，即简单重叠式、正反交错式、纵横交错式和旋转交错式堆码，如图 4-18 所示。不同的堆码方式，有其各自的优缺点，在使用时要加以考虑。简单重叠式堆码的各层货物排列方式相同，但没有交叉搭接，货物往往容易纵向分离，稳定性不好，而且要求最底层货物的耐压强度大。从提高堆码效率、充分发挥包装的抗压强度角度看，简单重叠式堆码是最好的堆码方式。正反交错式堆码的奇数层与偶数层的堆码图谱相差 180°，各层之间搭接良好托盘货物的稳定性高，长方形托盘多采用这种堆码方式，货物的长宽尺寸比为 3：2 或 6：5。纵横交错式堆码的奇偶数层按不同方向进行堆码，相邻两层的堆码图谱的方向相差 90°，它主要用于正方形托盘。旋转交错式堆码在每层堆码时，改变方向 90°而形成搭接，以保证稳定性，但由于中央部位易形成空穴，降低了托盘的表面利用率，这种堆码方式主要用于正方形托盘。

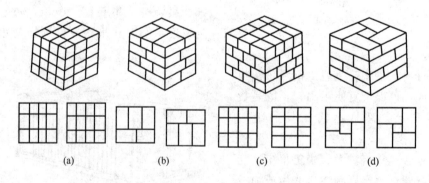

图 4-18 托盘堆码方式

（a）简单重叠式 （b）正反交错式 （c）纵横交错式 （d）旋转交错式

为保证货物在托盘上按一定方式堆码的科学性和安全性，在进行托盘包装设计时，要根据货物的类型、托盘载质量及尺寸等，参照国家标准 GB 4829《硬质直方体运输包装尺寸系列》、GB 13201《硬质圆柱体运输包装尺寸系列》和 GB 13757《袋类运输尺寸系列》等标准，合理确定货物在托盘上的堆码方式。还应注意，托盘表面利用率一般不低于

80%。在选用托盘堆码方式时，应考虑以下原则：①木质、纸质和金属容器等硬质直方体货物采用单层或多层交错式堆码，并用拉伸包装或收缩包装固定。②纸质或纤维类货物采用单层或多层交错式堆码，并用捆扎带十字封合。③密封的金属容器等圆柱体货物采用单层或多层交错式堆码，并用木盖加固。④需进行防潮、防水等防护的纸制品、纺织品采用单层或多层交错式堆码，并用拉伸包装、收缩包装或增加角支撑、盖板等加固结构。⑤易碎类货物采用单层或多层堆码，增加木质支撑隔板结构。⑥金属瓶类圆柱体容器或货物采用单层垂直堆码，增加货框及板条加固结构。⑦袋类货物多采用正反交错式堆码。

在托盘包装中，底部的包装产品承受上层货物的压缩载荷，而且在长时间的压缩条件下会导致包装容器或材料发生蠕变现象，影响托盘包装的稳定性。因此，在进行托盘包装设计时需要校核包装容器的堆码强度，还应考虑包装容器或材料的蠕变性能，以保证货物在储存、运输时的安全性。

（3）托盘固定方法　托盘包装单元货物在仓储、运输过程中，为保证其稳定性，都要采取适当地紧固方法，防止其坍塌。对于需进行防潮、防水等要求的产品要采取相应的措施。托盘包装常用的固定方法有捆扎、胶合束缚、裹包以及防护加固附件等，而且这些方法也可以相互配合使用。捆扎紧固方式常用金属带、塑料带对包装件和托盘进行水平捆扎和垂直捆扎，以防止包装产品在运输过程中摇晃，图 4-19（a）是捆扎瓦楞纸箱的托盘包装。金属捆扎带主要是钢带，应符合国家标准 GB 4173《包装用钢带》的规定；非金属捆扎带主要是塑料捆扎带，应符合国家标准 GB 12023《塑料打包带》的规定。胶合束缚用于非捆扎的纸质容器等货物在托盘上的固定堆码，它包括黏合剂束缚和胶带束缚，图 4-19（b）和图 4-19（c）分别是黏合剂黏合和胶带黏合的托盘包装。托盘包装也可以采用帆布、复合纸、聚乙烯、聚氯乙烯等塑料薄膜对单元货物进行全包裹或半包裹。全包裹又分为拉伸包装和收缩包装，图 4-19（d）和图 4-19（e）分别是采用拉伸包装和收缩包装方法的托盘包装。加固附件由纸质、木质、塑料、金属或其他材料制成，图 4-19（f）是安装框架和盖板的托盘包装。

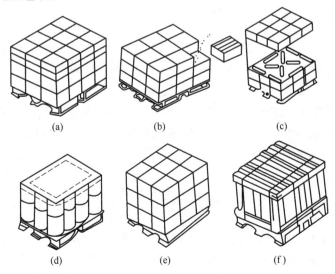

图 4-19　托盘固定方法

（a）捆扎　（b）胶黏剂黏合　（c）胶带黏合　（d）拉伸包装　（e）收缩包装　（f）防护加固附件

（4）托盘包装设计方法　托盘包装的质量直接影响着包装产品在流通过程中的安全性，合理的托盘包装可提高包装质量和安全性，加速物流，降低运输包装费用。托盘包装的设计方法有"从里到外"和"从外到里"两种方法。

①"从里到外"设计法。它是根据产品的结构尺寸依次设计内包装、外包装和托盘，产品从生产车间被依次包装为小包装件，然后根据多件小包装或尺寸比较大的单个包装来选择包装箱，再将选定的包装箱在托盘上进行集装，然后运输到用户，其设计过程如图4-20 所示。按照外包装尺寸，可确定其在托盘上的堆码方式。由于尺寸一定的瓦楞纸箱在托盘平面上的堆码方式有很多，这就需要对各种方式进行比较，选择最优方案。

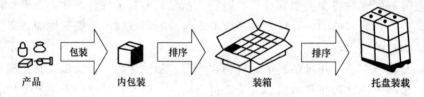

图 4-20　"从里到外"设计法

②"从外到里"设计法。它是根据标准托盘尺寸优化设计外包装和内包装，即根据标准托盘尺寸模数确定的外包装尺寸作为包装箱的结构尺寸，再对产品（或小包装件）进行内包装，其设计过程如图 4-21 所示。

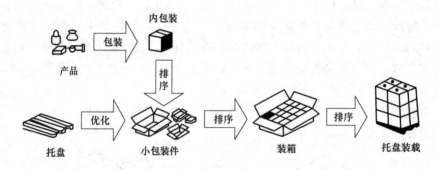

图 4-21　"从外到里"设计法

在托盘包装设计时，应遵循国际公认的硬质直方体的包装 600mm×400mm，优先选用国家标准 GB 2934《联运通用平托盘主要尺寸及公差》中的尺寸系列托盘，以充分利用托盘表面积，降低包装和运输成本。目前，国外已有解决托盘装载设计系统软件，如美国 CAPE Systems 软件公司开发的 CAPEPACA 托盘堆码包装设计软件，日本三菱公司开发的托盘装载设计系统软件等。

第二节　拉　伸　包　装

拉伸包装（stretch-film wrapping）是可拉伸的塑料薄膜在常温和张力作用下对产品和包装件进行裹包的一种包装方法，如图 4-22 所示。

拉伸包装始创于 1940 年，主要为满足超级市场销售禽类、肉类、海鲜产品、新鲜水果和蔬菜等产品包装的需要。拉伸包装过程中不需要对塑料薄膜进行热收缩处理，适于某

图 4-22　拉伸包装的商品

些不能受热的物品的包装，能够节省能源；也可用于托盘运输包装，能降低运输成本，是一种很有前途的包装技术。

一、拉伸包装的原理及特点

拉伸包装是在常温下将塑料薄膜拉伸，同时缠绕在被包装物品的外面，由于薄膜经拉伸后具有自黏性和弹性，从而将物品牢牢裹紧。

拉伸包装不需要热收缩设备，可节省设备投资、能源和设备维修费用；可以准确地控制裹包力，防止物品被挤碎；此外，拉伸包装有防盗、防火、防冲击和防震等功能；拉伸薄膜具有透明性，可看见内装物，尤其是作为运输包装，比木箱和瓦楞纸箱容易识别内装物。拉伸包装的防潮性比收缩包装差，拉伸薄膜具有自黏性，不便堆放。

二、拉伸薄膜

1. 原理

拉伸包装是通过机械张力的作用，将薄膜围绕商品进行拉伸，薄膜经拉伸后具有自黏性和弹性，牢牢将商品裹紧，然后进行热合的包装方法。薄膜由于要经受连续张力的作用，所以必须具有较高的强度。

2. 拉伸薄膜的性能指标

（1）自黏性　自黏性是指薄膜之间接触后的黏附性，在拉伸缠绕过程中和裹包之后，能使包装产品紧固而不松散。获得自黏性薄膜的主要方法有两种：一是加工薄膜表面，使其光滑具有光泽；二是用增加黏附性的填充剂，使薄膜表面产生湿润效果，从而提高黏附性。自黏性受外界环境等多种因素影响，如湿度、灰尘和污染物。

（2）韧性　韧性是指薄膜抗戳穿和抗撕裂的综合性质。所以要求薄膜包装后应具有足够的韧性，以保证包装的质量。

（3）拉伸与许用拉伸　拉伸是薄膜受拉力后产生弹性伸长的能力。纵向拉伸增加时，薄膜变薄，宽度变窄，易撕裂，施加于包装件的张力增加。许用拉伸是指在一定情况下，保持各种必需的特性所能施加的最大拉伸，许用拉伸越大，所用薄膜越少，包装成本越低。

（4）应力滞留　应力滞留是指在拉伸过程中，对薄膜施加的张力能保持的程度。应力滞留性越差，包装效果越差。

另外，拉伸薄膜还应具有光学性能和热封性能，以满足某些特殊包装件的需要。

3. 常用的拉伸薄膜

常用的拉伸薄膜有 PVC（聚氯乙烯）、LDPE（低密度聚乙烯）、EVA（乙烯-醋酸乙烯共聚物）和 LLDPE（线性低密度聚乙烯）薄膜。

PVC 薄膜使用最早，自黏性好，拉伸和韧性好，但应力滞留差。常用的 EVA 薄膜中含醋酸乙烯 10%～12%，自黏、拉伸、韧性和应力滞留均好。LLDPE 薄膜出现较晚，但综合性能最好。拉伸薄膜的最终性能，取决于所用原料的质量和加工工艺，吹塑的 LLDPE 薄膜的自黏性比 PVC 及 EVA 薄膜略差，但挤出式薄膜则相同，表 4-1 是几种拉伸薄膜的性质。

表 4-1   拉伸薄膜的性质

拉伸薄膜	拉伸率/%	拉伸强度/MPa	自黏性/g	戳穿强度/Pa
LLDPE	55	0.412	180	960
EVA	15	0.255	160	824
PVC	25	0.240	130	550
LDPE	15	0.214	60	137

三、拉伸包装工艺

拉伸包装方法按包装用途可分为销售包装和运输包装两类，不同类型的包装所用的包装机不同，因此包装工艺也有差异。

1. 销售包装

根据自动化程度不同分为手工拉伸包装、半自动拉伸包装和全自动拉伸包装。

（1）手工拉伸包装 一般由人工将被包装物放在浅盘内，特别是软而脆的产品及多件包装的零散产品，如不用浅盘则容易损坏。但有些产品本身具有一定的刚性和牢固程度，如小工具和大白菜等，可不用浅盘。手工操作包装过程见图 4-23。第一步是从卷筒拉出薄膜，将产品放在上面并卷起来，向热封板移动，用电热丝将薄膜切断，再移到热封板上进行封合，然后用手抓住薄膜卷的两端，进行拉伸，拉伸到所需程度，将两端的薄膜向下折至卷的底面，压在热封板上封合。

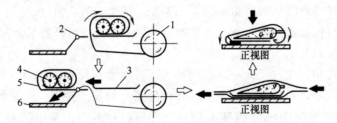

图 4-23 拉伸包装手工拉伸过程

1—卷筒薄膜 2—电热丝 3—工作台 4—产品 5—浅盘 6—热封板

（2）半自动拉伸包装　将包装生产工作中的部分工序机械化或自动化，可以节省劳力，提高生产率，主要用于带浅盘的包装，半自动操作拉伸包装使用较少，生产速度一般为 15～20 件/min。

（3）全自动拉伸包装　手工操作虽然有许多优点，但劳动强度大，生产率低，成本高，从而推动了全自动拉伸包装设备的迅速发展。目前自动拉伸包装设备所采用的包装工艺大体可分为两种。

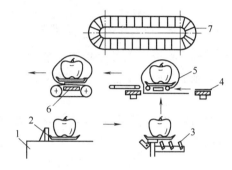

图 4-24　拉伸包装上推式工艺过程
1—供给输送台　2—供给装置　3—上推装置
4—薄膜夹子　5—薄膜　6—热封板　7—输出装置

① 上推式工艺。它是拉伸包装用于销售方面的主要包装，其操作过程如图 4-24 所示。将物品放入浅盘内，由供给装置推至供给传送带，运送到上推装置，同时预先按物品所需长度切断薄膜，送到上推部位上方，用夹子夹住薄膜四周。上推装置将物品上推并顶着薄膜，薄膜被拉伸，然后松开左、右和后面的三个夹子，同时将三边的薄膜折入浅盘的底下。启动带有软泡沫塑料的输出传送带，浅盘向前移动，同时前边的薄膜折入浅盘底，将包装件送至热封板封合，完成包装过程；

② 连续直线式工艺。这是自动拉伸包装最早出现的形式，因为包装较高物品时不稳当，在使用上受到了一定限制，其操作过程如图 4-25 所示。

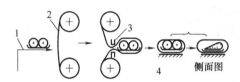

图 4-25　拉伸包装连续直线式工作过程（a）
1—供给输送台　2—卷筒薄膜
3—封切刀　4—热封板

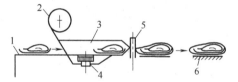

图 4-26　拉伸包装直线式工艺过程（b）
1—供给输送台　2—卷筒薄膜　3—制袋器
4—热封辊　5—封切刀　6—热封板

由供给装置将放置在浅盘内的物品送到薄膜（浅盘长边方向与前进方向垂直），前一个包装件的后部封切时，同时将两个卷筒的薄膜封合，被包装物送至此处，继续向前推移时，使薄膜拉伸。当被包装物品全部覆盖后，用封切刀将后部热封并切断；然后将薄膜左右拉伸，折进浅盘底部送到热封板上热封。

连续直线式还有一种形式，如图 4-26 所示。其工艺过程是物品向前推进时，薄膜两侧下折，通过热封辊将两侧形成一条缝，此时薄膜形成筒状，裹包着物品然后用封切刀将包装件热封切断，将薄膜 2 的前后两端经拉伸后折入浅盘底部，送到热封板上封合。

2. 运输包装

拉伸包装用于运输包装，比传统用的木箱、瓦楞纸箱等包装质量轻、成本低，因此应用较为广泛。这种包装大部分用于托盘集合包装，也可用于无托盘集合包装。

（1）物品回转式拉伸包装工艺　将物品放在一个可以回转的平台上，把薄膜端部贴在物品上，然后旋转平台，边旋转边拉伸薄膜，转几周后切断薄膜，将末端黏在物品上。如

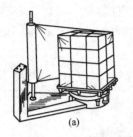
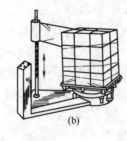

图4-27 所示，图中（a）为整幅薄膜包装，即用与物品高度一样或更宽一些的整幅薄膜包装。这种方法适用于包装形状方正的物品，优点是效率高而且经济，缺点是材料仓库中要储备宽规格齐全的薄膜。（b）为窄幅薄膜缠绕式包装，薄膜幅宽一般为 $50 \sim 70cm$，包装时薄膜自上而下以螺旋线形式缠绕物品，直至裹包完成，两

图4-27 回转式拉伸包装工艺

者之间约有三分之一部分重叠，这种方法适于包装堆码较高或高度不一致的物品，以及形状不规则或较轻的物品，包装效率较低，但可使用同一幅宽的薄膜包装不同形状或堆码高度的物品。

用回转式将薄膜拉伸包装的基本方法有两种，如图4-28所示。一种是使用制动器限制薄膜卷筒1转动，当物品4回转时，使薄膜拉伸，一般拉伸率为 $5\% \sim 55\%$，如图4-28（a）所示。一种是使用一对回转速度不同的导辊，即薄膜输入辊2的转速比输出辊3的转速低一些。从而将薄膜拉伸，拉伸率一般为 $10\% \sim 100\%$，如图4-28（b）所示。为了消除方形物品裹包过程中四角处速度突然增加的不利因素，还应装置气动调节辊，以保持拉力均衡。

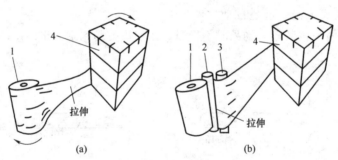

图4-28 塑料薄膜拉伸的方法

1—卷筒薄膜 2—输入辊 3—输出辊 4—物品

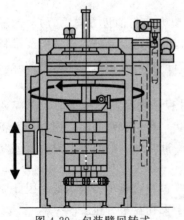

图4-29 包装臂回转式
拉伸包装工艺

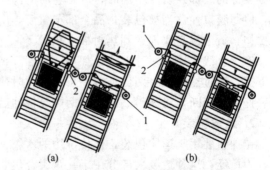

图4-30 移动式拉伸包装

1—卷筒薄膜 2—封合器

（2）包装臂回转式拉伸包装工艺　其工艺过程如图 4-29 所示，包装臂围绕水平轴回转，拉伸包装材料也可上下运动调整裹包范围。

（3）物品移动式拉伸包装工艺　其工艺过程如图 4-30 所示，将物品放在输送带上，由送进器［图 4-30（a）］或辊道［图 4-30（b）］推动向前，在包装工位有一个龙门式的架子，两个薄膜卷筒 1 直立于输送带两侧，并装有输送器。开始包装时，先将两卷薄膜的端部热封于物品前面，当物品向前推动，将薄膜包在其上，同时将薄膜拉伸到达一定位置后用封合器 2 将薄膜收拢切断，并将端部粘贴在物品背后。

第三节　收缩包装

收缩包装或收缩薄膜裹包（shrink-film wrapping）是指利用有热收缩性能的塑料薄膜裹包被包装物品，然后进行加热处理，包装薄膜即按一定的比例自行收缩，紧密贴住被包装物品的一种方法。如图 4-31 所示为生活中常见的收缩包装产品。

图 4-31　收缩包装产品

一、原理及特点

收缩包装始于 20 世纪 60 年代中期，70 年代得到迅速发展，目前已在一些经济发达国家广泛应用。据统计，美国、日本及欧洲等国每年消费的收缩薄膜均在 10 万 t 以上，瑞典有 30% 的流通包装已从瓦楞纸箱改变成为收缩薄膜组合包装，整个西欧的流通包装中有 15% 采用了收缩包装，而国内现在也已经开始广泛使用。

1. 原理

塑料薄膜制造过程中，对于在聚合物的玻璃化温度以上拉伸并迅速冷却得到的塑料薄膜，若重新加热，则能回复到拉伸前的状态。收缩包装技术就是利用薄膜的这种热收缩性能发展起来的，即将大小适度（一般比物品尺寸大 10%）的热收缩薄膜套在被包装物品外面，然后用热风烘箱或热风喷枪短暂加热，薄膜会立即收缩，紧紧裹包在物品外面，物品可以是单件，也可以是有序排列的多件罐、瓶、纸盒等，如图 4-31 所示。

2. 特点

① 收缩包装能包装一般方法难以包装的异形产品，如蔬菜、水果、鱼肉等。

② 薄膜本身具有缓冲性和韧性，能防止运输过程中因振动和冲击而损坏产品。

③ 收缩包装的收缩薄膜一般具有透明性，热收缩后紧贴产品，可显示产品外观造型。由于收缩比较均匀，且材料有一定的韧性，棱角处不易撕裂。

④ 有良好的密封、防潮、防污、防锈作用，便于露天堆放，节省仓库面积。

⑤ 可以把零散的多种产品方便地包装在一起，有时借助浅盘可以省去包装盒。

⑥ 包装工艺和设备较简单，有通用性，便于实现机械化，节省人力和包装费用，并可部分代替瓦楞纸箱和木箱。

⑦ 可采用现场收缩包装方法来包装体积庞大的产品，如赛艇和小轿车等，工艺和设备均很简单。

⑧ 可延长食品的保鲜期，便于贮藏。

但收缩包装也有自身的缺点，如包装颗粒、粉末或形状规则的产品，不如其他方法便捷，而且难以实现连续化高速生产。

二、收缩薄膜

如图 4-32 所示，收缩薄膜具有较高的耐穿刺性，良好的收缩性和一定的收缩应力。主要用于各种产品的销售和运输过程，用来稳固、遮盖和保护产品。

图 4-32 收缩薄膜

1. 原理

适用于热收缩包装的薄膜有 PE（聚乙烯），PVDC（聚偏二氯乙烯）、PP（聚丙烯）、PS（聚苯乙烯）、EVA（乙烯-醋酸乙烯酯）和离子聚合物薄膜等，其中以 PE 薄膜用量最大，其次是 PVC，两者占收缩薄膜总量的 75%。

普通塑料薄膜通常采用熔融挤出法、压延法、溶液流延制得。而热收缩薄膜是将这种制得的片状薄膜或筒状薄膜，再进行纵向或横向的数倍拉伸，使薄膜的分子链成特定的结晶而与薄膜表面平行取向，从而增加薄膜的强度和透明度，同时在薄膜拉伸时给予一定的温度，使薄膜在凝固前被拉伸的比例增至 1∶4 到 1∶7 的延伸率（普通薄膜延伸率为 1∶2），这就使薄膜在包装时具有所需要的收缩性能。

收缩薄膜按其制造工艺及使用范围不同，大致分为两种：一种是一轴型拉伸收缩薄膜，薄膜在加工时只向一个方向拉伸，一轴型常用于管状收缩包装和标签包装，如酒类容器的标签包装，矿泉水、饮料瓶上的标签包装，塑料瓶和玻璃瓶盖的密封包装及新鲜果蔬等的套管包装。单向热收缩膜的工艺流程曲线如图 4-33 所示。

单向热收缩膜的工艺如图 4-33 所示。

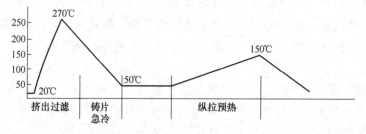

图 4-33 单向热收缩膜的工艺流程曲线图

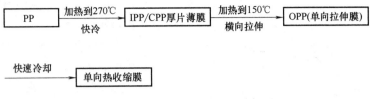

图 4-34　单向热收缩膜的工艺框图

另一种是两轴型拉伸热收缩薄膜，薄膜在加工时纵横两轴向的拉伸量几乎相等。两轴型薄膜的使用范围很广，可用于包装新鲜食品或食品的托盘包装等。双向热收缩膜工艺流程曲线如图 4-35 所示。

双向热收缩膜工艺如图 4-36 所示。

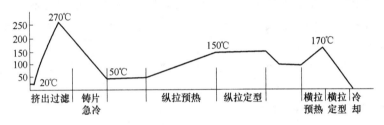

图 3-35　双向热收缩膜工艺流程曲线图

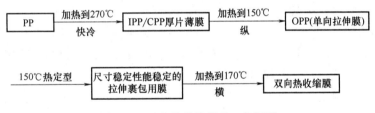

图 4-36　双向热收缩膜的工艺框图

2. 收缩薄膜的主要性能指标

（1）收缩率与收缩比　收缩率包括纵向收缩率和横向收缩率。测试方法是先量出薄膜的长度 L_1，然后将薄膜浸放在 120℃的甘油中 1～2s，取出用冷水冷却，再测量长度 L_2，按下式进行计算：

$$收缩率(\%) = (L_1 - L_2)/L_1 \times 100\% \qquad (4-1)$$

式中：L_1——收缩前的薄膜长度；

　　　L_2——收缩后的薄膜长度。

纵横两个方向收缩率的比值称为收缩比。目前包装使用的收缩薄膜，一般要求纵横向收缩率相等，约为 50%。也有单向收缩薄膜收缩率为 25%～50%，还有纵横两个方向收缩率不相等的偏延伸薄膜。

（2）收缩张力　收缩张力是指薄膜收缩后施加给被包装物品的张力。在收缩温度下产生收缩张力的大小与物品的性质有密切关系。包装金属罐等刚性产品可允许较大的收缩张力，而一些易碎或易褶皱的物品，收缩张力过大，就会变形甚至损坏，因此，收缩薄膜的收缩张力必须恰当。

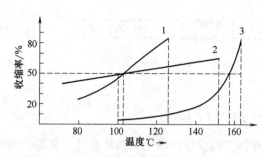

图 4-37 常用收缩薄膜的温度-收缩率曲线
1—PE 2—PVC 3—PP

（3）收缩温度 收缩薄膜加热到一定温度开始收缩，温度升到一定高度又停止收缩，在此范围内的温度称为收缩温度。对包装作业来讲，包装件在热收缩通道内加热，薄膜收缩产生预定张力时所达到的温度也称为收缩温度。收缩温度与收缩率有一定的关系，不同薄膜的收缩率也不相同。

图 4-37 为聚乙烯、聚氯乙烯、聚丙烯三种常用收缩薄膜的温度-收缩率曲线。其中，按停止收缩的温度测定：PE＝126℃，PVC＝150℃，PP＝165℃；按达到一定张力（50％收缩率）时的温度测定：PE＝105℃，PVC＝100℃，PP＝156℃。在收缩包装中，收缩温度越低，对被包装物品的不良影响越小，特别是新鲜蔬菜、水果及纺织品等。

（4）热封性 收缩包装作业中，在加热收缩前，必须先进行热封，使被包装物品处于封闭的收缩薄膜之中，且要求封缝具有较高的强度。

3. 常用收缩薄膜的性能和用途

常用的收缩薄膜有聚氯乙烯、聚乙烯、聚丙烯和聚偏二氯乙烯等，其中聚氯乙烯收缩薄膜收缩温度比较低而且范围广，作业性能好，包装件透明而美观，热封部位也很整洁。由于氧气渗透率比聚乙烯低，而透湿率较高，故对含水分多的蔬菜、水果包装较为适宜。其缺点是抗冲击强度低，在低温下易变脆，不适于运输包装。另外封缝强度差，热封时会分解臭味，当其中的增塑剂发生变化后薄膜易断裂，失去光泽。目前，聚氯乙烯薄膜主要用于杂货、食品、玩具、水果和纺织品等的包装。

聚乙烯收缩薄膜的抗冲击强度大、价格低、封缝牢固，多用于运输包装，其光泽与透明性比聚氯乙烯差，在作业中，收缩温度比聚氯乙烯约高 20～30℃，因此，在热收缩通道后段应有鼓风冷却装置。

聚丙烯收缩薄膜有较好的光泽度和透明性，耐油性和防潮性良好，收缩张力强。其缺点是热封性差，封缝强度低，收缩温度比较高而且范围窄，适合录音磁带和唱片等物品的多件包装。

其他收缩薄膜如聚苯乙烯主要用于信件包装，聚偏二氯乙烯主要用于肉类包装。

乙烯-醋酸乙烯共聚物抗冲击强度大，透明性高，软化点低，熔融温度范围宽，热封性能好，收缩张力小，被包装物品不易破损，适合带突起部分的物品或形状不规则物品的包装。

近年来，随着收缩薄膜的发展，进一步改善了薄膜的气体阻隔性，降低了热封温度，改进了黏合性能，提高了保鲜效果，如 PVDC-PDC 共聚收缩薄膜，具有良好的阻隔性，特别适合食品包装，诸如加料烹调的午餐肉、冷冻禽类及冷冻糕点等。

三、收缩包装工艺

收缩包装工艺一般分为两步进行：首先是预包装，用收缩薄膜将产品包装起来，留出热封必要的口与缝；接着是热收缩，将预包装的产品放到热收缩设备中加热。

1. 预收缩包装

预包装时，薄膜尺寸应比物品尺寸大 10％～20％，如果尺寸过小，充填物品不方便，还会因收缩张力过大，可能将薄膜撕破；尺寸过大，则收缩张力不够，包不紧或不平整。所用收缩薄膜厚度可根据物品大小、质量以及所要的收缩张力来决定。如 PE 热收缩薄膜一般选用厚度为 0.08～0.1mm，对于大托盘收缩薄膜，厚度可增加到 0.5mm。用于收缩包装的薄膜有平张膜、筒状膜和对折膜三种，以供不同包装方法选择。

2. 热收缩包装方法

（1）两端开放式或称套筒式收缩包装法　它是用套筒膜或平张膜先将包装物品裹在一个套筒里然后进行热收缩作业，包装完毕在包装物两端均有一个收缩口，如图 4-38 所示。

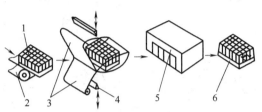

图 4-38　两端开放式裹包原理图
1—被包装物　2—传送带　3—薄膜
4—封切机构　5—收缩装置　6—成品

用平张膜包装可不受物品品种的限制，平张膜多用于形状方正的单一或多件物品的包装，如多件盒装物品的集合包装等。

用筒状膜包装的优点是减少了 1～2 道封缝工序，外形美观，缺点是不能适应物品多样化要求，只适用于单一物品的大批量生产的包装，如电池、卷筒纸等。

（2）四面密封式或称搭接式收缩包装法　将物品四周用平张膜或筒状膜包裹起来，接缝采用搭接式密封。适合要求密封的物品包装。

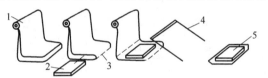

图 4-39　L 形封口（用对折膜）
1—卷筒薄膜（对折膜）　2—物品
3—封缝　4—L 形封切刀　5—包装件

① 用对折膜可采用 L 形封口方式，如图 4-39 所示。采用卷筒对折膜，将薄膜拉出一定长度至水平位置，用机械或手工将开口端撑开，将物品推到折缝处。在此之前，上一次热封剪断后留下一个横缝，加上折缝共有两个缝不必再封，因此用一个 L 型热封剪断器从物品后部与薄膜连接处压下并热封剪断，一次完成一个横缝和一个纵缝，操作简便，手动半自动均可，适合包装异形及尺寸变化多的物品。

② 用卷筒平张膜可采用枕形袋式或筒式包装。这种方法是使用单卷平张膜，先封纵缝成筒状，将物品裹于其中，然后封横缝切断制成枕型包装，或者将两端打卡结扎成筒式包装，操作过程如图 4-40 所示。

筒式包装主要用于熟肉制品，如火腿肠的包装，其一般包装工艺流程为：

原料验收→预处理→计量填充→真空封口→热收缩→冷却干燥→成品

采用四面密封方式预封后，内部残留的空气在收缩时会膨胀，使薄膜收缩困难，会影响包装质量，因此在封口器旁常有刺针，热缝时刺针在薄膜上刺出放气孔，在热收缩后封缝处的小孔自行封闭。

③ 一端开放式或称罩盖式收缩包装法。它是有边容器使用的一种包装方法。将容器或

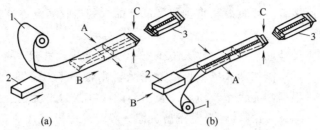

图 4-40　四面密封枕形袋包装方式（用单卷平膜）

（a）纵封缝在下面　（b）纵封缝在上面

1—薄膜卷筒（平膜）　2—产品　3—包装件

A—纵封缝　B—将产品推入　C—横封并切断

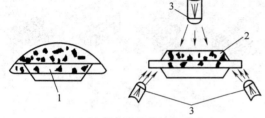

图 4-41　罩盖式热收缩包装方法

1—被包装物品上覆盖塑料薄膜

2—用热风喷嘴加热收缩薄膜　3—热风喷嘴

托盘边缘下部薄膜加热收缩，如图 4-41 所示，是罩盖式碗装方便面包装方法示意图。

④ 托盘收缩包装。托盘收缩包装是运输包装中发展较快的一种包装方法。其主要特点是物品可以以一定数量为单位牢固的捆包起来，在运输过程中不会松散，并可以在露天堆放。托盘收缩包装过程如图 4-42 所示，包装时将装好物品的托盘放置在输送带上，套上收缩薄膜袋，由输送带进入热收缩通道，通过热收缩通道后即完成收缩包装件。

3. 热收缩操作

热收缩通道是热收缩操作的主要设备，它由输送带和加热室组成。热收缩过程如图 4-43 所示。将预包件放在输送带上，以规定速度运行进入加热室，利用热风对包装件进行加热，热收缩完毕后离开加热室，自然冷却后从输送带上取下，物品体积过大或薄膜热收缩温度较高时，应在离开加热室后用冷风扇加速冷却。

加热室是一个内壁装有隔热材料的箱形装置，

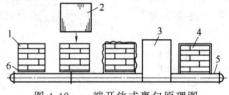

图 4-42　一端开放式裹包原理图

1—集装货物　2—预制袋　3—平张薄膜
4—收缩装置　5—成品　6—托盘

加热室为了保证热风均匀地吹到包装物品上，均采用温度自动调节装置以确保室内温度恒定（温差位±5℃），并采用强制循环系统进行热风循环。在加热时，热风速度、流量、输送带结构、出入口形状和材质等，对收缩效果均有影响。由于各种塑料薄膜的特性不同，所以应根据各种薄膜的特点，选择合适的热收缩通道参数关系。表 4-2 是常用收缩薄膜与收缩通道的主要参数关系。

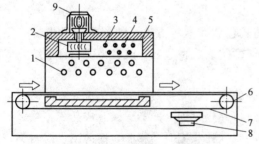

图 4-43　热收缩通道示意图

1—热风吹出口　2—热风循环风扇　3—加热器
4—温度调节器　5—绝热材料　6—驱动轮
7—输送带　8—冷却风扇　9—风扇电机

表 4-2　　　　　　　　　　薄膜与收缩通道的主要参数关系

塑料薄膜	厚度/mm	温度/℃	加热时间/s	风速/(m·s⁻¹)	备注
聚氯乙烯	0.02~0.06	140~160	5~10	8~12	因温度低,对食品、物品较适宜
聚乙烯	0.02~0.04	160~200	6~10	15~20	紧固性强
聚丙烯	0.03~0.10 0.12~0.20	160~200 180~200	8~10 30~60	6~10 12~16	收缩时间长,必要时停止加热

另外，对于大型托盘集装式物品或体积较大的单件异形物品，可以采用手提式热风喷枪进行现场热收缩。用热功率位 $36000kW/h$ 的热喷枪，包装表面积为 $2m^2$ 的包装品，热收缩过程只需约 2min。这种方法简单迅速、方便经济，所用设备除热喷枪外，只需一个液化气罐即可。

四、收缩包装与拉伸包装的比较

收缩包装与拉伸包装既有相同之点，也有不同之点，且各有利弊，在进行选择时，必须结合具体物品的包装要求和特性，从材料、设备、工艺能源和投资等方面综合考虑。

1. 收缩包装与拉伸包装的不同点

（1）对产品的适应性　收缩包装不适合冷冻的或怕受热的物品，而拉伸包装不受此限制；收缩包装可将物品裹包在托盘上，拉伸包装只裹包托盘上的物品。

（2）对流通环境的适应性

① 从包装件存放场所来看，收缩包装不怕日晒雨淋，存放于仓库或露天均可，因而可节省仓库面积；拉伸包装则因薄膜受阳光照射或高温大气影响将发生松弛现象，只能在仓库存放；

② 从运输包装的防潮和透气性来看，收缩包装进行了六面密封，防潮性好、透气性差；拉伸包装一般只裹包四周，有时也可裹包顶面，总体防潮性稍差，但透气性好；

③ 从操作环境来看，收缩包装不宜在低温条件下操作，拉伸包装则无此限制。

（3）设备投资和包装成本方面　收缩包装需热收缩设备，设备投资和维护费用均较高，能源消耗和材料费用也较多，设备回收期也较长；拉伸包装因无需加热，且设备投资和维护费用均较低，能源消耗少，材料消耗比收缩包装少 25%，投资回收期也较短。

（4）包装应力方面　收缩包装不易控制，但比较均匀；拉伸包装虽然容易控制，但棱角处应力过大易损。

（5）堆码适应性方面　收缩包装适应性好，拉伸包装由于薄膜有自黏性，包装件之间易黏结，搬运过程易撕裂，所以堆码性较差。

（6）库存薄膜的要求方面　收缩包装需要有多种厚度的薄膜，而拉伸包装只要有一种厚度的薄膜即可用于不同的物品，但幅宽视机型可能有若干种。

2. 收缩包装与拉伸包装的相同点

（1）对形状规则的和异形的物品均适合；

（2）都特别适于包装新鲜水果和蔬菜；

（3）对于单件、多件物品的销售包装均可适宜。

项目五　肉制品及水果保鲜

能力（技能）目标	知识目标
1. 掌握 MAP 与 CAP 的定义及原理。	1. 了解 MAP 包装设备。
2. 掌握肉制品保鲜原理。	2. 熟悉肉制品及水果的加工保鲜、贮运、流通、销售等过程中的变质方式和包装要求。
3. 理解水果保鲜的意义及其原理。	3. 了解不同食品的品质特性、腐败变质方式。
4. 掌握肉制品及水果包装的方法。	4. 了解针对不同食品所采用的包装材料。

　　保鲜意为保持蔬菜、水果、肉类等易腐食物的新鲜，目前，人们不仅对于食品需求量越来越大，而且对于食品的品质要求也有所提高。如图 5-1 所示为肉制品与新鲜水果，对于生活中经常食用的食品，如何包装能够保持其新鲜度，是我们要追求的目标，本章将重点讲述肉制品与新鲜水果及相关知识。

图 5-1　肉制品与新鲜水果

任务一　MAP 与 CAP

　　改善和控制气氛包装也称气调包装，是最有发展前景的食品保鲜包装技术，其特点是：以小包装形式将产品封闭在塑料包装容器内，其内部环境气体可以是封闭时提供的，或者是封闭后靠内部产品呼吸作用自发调整形成。封闭后包装内的理想气氛一般不再人为管理，对于较大的包装件，在贮藏期间也可实施适当的换气管理。

根据包装后包装材料对内部气氛的控制程度而分为改善气氛包装（MAP）和控制气氛包装（CAP）。MAP 和 CAP 不同之处在于对包装内部环境气体是否具有自动调节作用，从这个意义上看，传统的真空和充气包装属 MAP 范畴。而改善气氛包装（MAP）和控制气氛包装（CAP）技术的共同点是根据食品的类型和保藏要求，用不同气体组成的混合气体置换包装内的空气，以达到更有效保藏食品的目的。

一、MA 和 CA 气调系统原理

MA（Modified atmosphere）的意思即改善气氛，是指采用理想气体组分一次性置换，或在气调系统中建立起预定的调节气体浓度，在随后的贮存期间不再有人为的调整。CA（Controlled atmosphere）意为控制气氛，指的是对产品周围的全部气体环境进行控制，即在气调贮藏期间，选用的气体浓度一直保持稳定的管理或控制。

如图 5-2 所示为薄膜气调包装系统模式示意图，在图中我们可以直观的看到，系统中存在着两种过程：①产品（包括微生物）的生理生化过程，即呼吸过程。②薄膜透气作用导致产品与包装内气体的交换过程，即产品与包装内环境气体交换速率与包装内环境气体透过薄膜与大气的交换速率相等。各种薄膜气调系统的差异主要表现在两个方面：一是能否在气调期

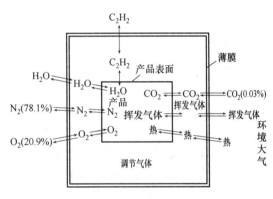

图 5-2　气调系统模式图

内出现动态平衡点，二是能否有保持动态平衡相对稳定的能力，该种差异的存在，也就能定性 CA 或 MA。

二、控制气氛包装（CAP）

控制气氛（CA）是指对全部的气体（氧气、二氧化碳、水蒸气和乙烯等气体）进行恒定控制，并通过机械装置和仪器来控制混合气体的成分，即在存贮期间，选用的调节气体浓度一直受到稳定的管理和控制。一般称为气调冷藏库或气调集装箱（如美国 Transfresh 的 CA 集装箱）。

控制气氛包装（CAP）的主要特征是包装材料对包装内的环境气氛状态有自动调节作用，这就要求包装材料具有适合的气体可选择透过性，以适应内装产品的呼吸作用，特别是新鲜果蔬自身的呼吸特性要求包装材料具有气调功能，能保持稳定的理想气氛状态，以避免因呼吸而可能造成的包装内缺氧和二氧化碳过高。

果蔬包装体系是一个典型的薄膜封闭气调系统，呼吸作用和气体渗透起着控制作用，在这个动态系统中，产品呼吸代谢过程要放出 CO_2、乙烯、水蒸气和其他挥发性气体。同

时，这些气体会透过包装与外界发生受限制的交换作用。影响包装内部气氛动态的因素有：产品种类品种、成熟度、重量及温度、O_2 和 CO_2 分压、乙烯浓度、光线、包装膜的渗透性、结构、厚度、面积等。

表 5-1　　　　　　　　　　几种适合新鲜果蔬 CAP 的包装膜透气性能

品　　种	透气度 mL/(m² · 24h · 0.1MPa)		CO_2/O_2 透气比
	CO_2	O_2	
HDPE	7700	3900～13000	2～5.9
PVC	4263～8138	620～2248	3.6～6.9
PP	7700～21000	1300～6400	3.3～5.9
PS	10000～26000	2600～7700	3.4～3.8
Saran™	52～150	8～26	5.8～6.5
PET	180～390	52～130	3～3.5
醋酸纤维素	13330～15500	1814～2325	6.7～7.5
盐酸橡胶	4464～209260	589～50374	4.2～7.6
PC	23250～26350	13950～14725	3～3.5
甲基纤维素	6200	1240	5
乙基纤维素	77500	31000	2.5

　　任何 CAP 系统都应该在低 O_2 和高 CO_2 浓度条件下达到以这两种气体平衡为主体的状态，这时产品的呼吸速率基本等于气体对包装膜的进出速率，系统中的任何因素发生变化都将影响系统的平衡或建立稳定态所需的时间。对果蔬而言，包装膜对 CO_2 和 O_2 渗过系数的比例 O_2/CO_2 也应合理，以适应果蔬的呼吸速度并能维持包装体内一定的 O_2 和 CO_2 浓度。表 5-1 为几种适合新鲜果蔬 CAP 的包装膜透气性能。

　　一般说来，对本来就有较长贮藏寿命，且气调是为了延长产品贮藏期的产品，可用自发形成的方式。而对那些只有很短贮存寿命的产品，则可考虑人工提供理想环境气氛，使包装系统很快进入气调稳定状态。除了维持适宜的包装体内气氛状态稳定外，还可在包装内引用活性炭之类的吸附剂，以吸附由产品呼吸代谢而产生的乙烯等有害气体。对生鲜果蔬，CAP 与低温贮存并用可获得非常好的保鲜效果。

三、改善气氛包装（MAP）

1. 概述

　　改善气氛（MA）是指采用理想气体组分一次性置换，或在气调系统中建立起预定的调节气氛浓度，在随后的贮存期间不再受到人为的调整。改善气氛包装（MAP）是指用一定的理想气体组分充入包装内，在一定温度条件下改善包装内环境的气氛，并在一定时间内保持相对稳定，从而抑制产品的变质过程，延长产品的保质期。MAP 适用于呼吸代谢强度较小的产品包装。表 5-2 为几种产品 MAP 的典型气体混合组成。

表 5-2　　　　　　　　　　　某些产品 MAP 使用的典型气体混合组成

产　　品	O_2 含量/%	CO_2 含量/%	N_2 含量/%
瘦肉	70	30	—
关节肉	80	20	—
片肉	69	20	11
白鱼	30	40	30
油(性)鱼	—	60	40
禽类	—	65	35
硬干酪	—	—	100
加工肉	—	—	100
焙烤食品	—	80	20
干面食品	—	—	100
番茄	4	4	92
苹果	2	1	97

　　MAP 包装材料的选择必须能控制所选用的混合气体的渗透速率，同时应能控制水蒸气的渗透速率。一般而言，果蔬类产品的 MAP 应选用具有较好透气性能的材料，并注意氧气和二氧化碳气体的透过之比（适宜范围 1∶8～1∶10）。用于肉类食品和焙烤制品的 MAP 材料，应选用具有较高阻隔性的包装材料，以较长时间维持包装内部的理想气体。食品 MAP 后的贮藏温度对保鲜包装效果影响很大，一般需要在 0～4℃温度条件下贮藏和流通。

2. MAP 保鲜包装设备

　　图 5-3 为 GM 型气体比例混合装置，可对 N_2，O_2 和 CO_2 进行设定比例的自动混合。

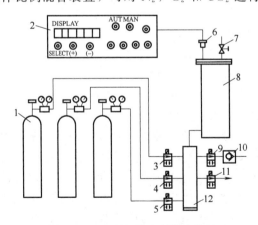

图 5-3　GM 型气体比例混合装置
1—气体瓶　2—配气数字设置控制器　3、4、5、9—电磁阀　6—压力传感器
7—放气阀　8—平衡罐　10—单向阀　11—混合气体出口阀　12—气体混合罐

　　图 5-4 为南京农业大学自主研究开发的 MAP 气调保鲜包装机，该机采用微机触摸屏控制，集微机控制、光磁感应、真空气动及复合气体混合技术于一体，可实现人机对话、理想气氛条件和工作参数任意设定、工作状态显示，适用于大型超市、农副产品配送中心、食品加工企业的农副产品、食品保鲜包装，也能适应农副产品气调保鲜包装。

图 5-4　MAP 气调保鲜包装机　　　　　　　　图 5-5　气调包装

四、气调包装技术要点与难点

如图 5-5，气调包装中由于食品本身的生理特性不同以及食品在运销环节中遇到的条件也不一样，对包装的要求变化很大，使用食品气调包装技术时需考虑的因素是非常多的，主要包括以下三个方面。

1. 适当比例的气体混合物

气调包装最常使用的是氮气、二氧化碳、氧气三种气体或它们的混合气体。

氮气性质稳定，使用氮气一般是利用它来排除氧气，从而减缓食品的氧化作用和呼吸作用。氮气对细菌生长也有一定的抑制作用，另外氮气基本上不溶于水和油脂，食品对氮气的吸附作用很小，包装时不会由于气体被吸收而产生逐渐萎缩的现象。

二氧化碳是气调包装中最关键的一种气体。它能抑制细菌、真菌的生长，用于水果、蔬菜包装时，增加二氧化碳具有强化减氧、降低呼吸强度的作用。但是使用二氧化碳时必须注意，二氧化碳对水和油脂的溶解度较高，溶解后形成碳酸会改变食品的 pH 和口味，同时二氧化碳溶解后，包装中的气体量减少，容易导致食品包装萎缩、不丰满，影响食品外观。气调包装中对二氧化碳的使用必须考虑贮藏温度、食品的水分、微生物的种类及数量等多方面的因素。我们在气调包装过程中应尽量排除氧气，不过要根据具体问题来分析加入的量。

因此，气调保鲜包装机的核心技术是必须具有高精准的气体自动混合装置。在气调保鲜包装机中，另一个核心技术是高置换率的气体置换装置（置换率为 95.0%～99.5%），如果气体置换不充分，空气残留太多，就无法达到预期要求。

2. 包装材料

包装材料是气调包装中最重要的一环，它必须要有较高的气体阻隔性能，从而保证包装内的混合气体不外漏。另外，对水果、蔬菜而言，由于其呼吸作用会改变混合气体的比例，在这种情况下还必须使混合气体达到动态平衡，即利用包装材料的透气性能来维持混合气体的理想比例。气调包装对包装材料的透气性能要求非常严格，除此之外，还必须考虑材料的热成型性、密封的可靠性等。目前，经常采用的材料有：聚酯（PET）、聚丙烯（PP）、聚苯乙烯（PS）、聚偏二氯乙烯（PVDC）、乙烯-醋酸乙烯酯（EVA）、乙烯-乙烯醇（EVOH）以及各种复合膜和镀金属膜。

3. 贮藏温度

贮藏温度是影响食品保质期的一个重要环节，在低温条件下食品的氧化速度、呼吸速度等都会减弱，微生物的生长也会受到抑制，甚至在某一温度界限以下，微生物的活动会完全停止。引起食品腐败变质的微生物大部分属于嗜温微生物，以埃希氏大肠杆菌为例，其最低生长的温度为 $10℃$，最适合生长的温度为 $37℃$，因此一般采用冷冻、冷藏的方法来贮藏食品。但是另一方面，低温对某些食品也有不同程度的影响。具体采用什么温度贮藏应根据其所包装的食品来决定，一般鱼肉采取冷冻的方法。

目前，在欧美国家和地区，因工业发达，实验条件好，全程冷链，检测仪器精密等，在这些优越的条件下，气调保鲜包装已经广为使用，该技术已经成熟。然而在我国，出于起步晚及检测等方面的原因，气调保鲜包装技术的发展处于初级阶段。

任务二 肉制品保鲜

如图 5-6 所示，畜禽肉类食品中含有大量的动物性蛋白质，它也是人们获取动物性蛋白质的主要来源，在人们日常饮食结构中占有相当大的比例。目前市售的畜禽肉类食品主要有生鲜肉和各类加工熟肉制品，随着人们生活消费水平的日益提高，生鲜肉的消费也逐渐由传统的热鲜肉发展为工业化生产的冷却肉分切保鲜包装产品，熟肉加工制品也由原来的罐头制品发展成为采用软塑复合包装材料为主体的西式低温肉制品和地方特色浓郁的高温肉制品，三者构成了我国中西结合的肉类制品产品体系。

图 5-6 畜禽肉类

一、生鲜肉类的保鲜包装

如图 5-7 所示，生鲜肉类包括热鲜肉、冷却肉和冷冻肉等。热鲜肉指刚宰杀不经过冷却排酸过程而直接销售的肉，出售时的肌肉正处于僵直期，持水性、嫩度、口感较差，且多为裸肉摊卖，微生物极易生长繁殖而腐败变质。对严格执行检疫制度屠宰后的动物迅速进行冷却处理，胴体在 24h 内降低到 $0\sim4℃$，并在低温下加工、流通和零售的生鲜肉为冷却肉，其大多数微生物的生长繁殖被抑制，可以确保肉品的风味、营养和安全卫生；冷却肉经历了较为充分的解僵成熟过程，质地柔软富有弹性、持水性及鲜嫩度好，因此，冷却肉近年在我国发展很快，已成为肉品发展的趋势。

图 5-7　热鲜肉、冷却肉和冷冻肉

1. 生鲜肉类的生产和销售

生鲜肉类的质量好坏，直接受到微生物侵袭和繁殖、酶的活性、氧化反应以及脱水等物理化学变化的影响。肉在贮存和流通过程中，主要受到细菌、酵母和霉菌三种微生物的侵蚀，从而造成可闻见的腐变。虽然并不是所有的细菌都对人体有害，但肉食中某些细菌会直接或间接地引起人们食物中毒（如沙门氏菌），或者产生毒性危害（如葡萄球菌）。没有煮熟的生肉，具有微酸性，为微生物提供了足够的湿度、营养和环境条件（温度和氧气等），是细菌和其他微生物快速增殖的理想介质。肉类中含有酶，促使它发生化学反应，肉中含有脂肪，容易受大气中氧气的氧化而发生酸败。高温蒸煮，能够破坏酶的作用并杀死微生物。倘若蒸煮的温度不够高，反而会促进微生物的生长。在低温贮存条件下，酶的活性和微生物的增殖速度会受到抑制。在很低的温度下，酶和微生物将会停止生长。低温冷藏可以延缓肉类的氧化反应，而且，如果选用透气率低的包装材料加以包装，不仅可以防护肉类免受各种微生物的侵袭，同时可以停止肉类受氧的作用。对于短期零售的分切肉，为了保持肉类本身的鲜艳红色，应当采用透氧率适宜的包装材料。

在活的动物（猪、牛、羊等）皮毛和内脏里，存在着极大量的细菌。完善和屠宰技术要求屠宰者重视卫生，屠宰工具必须经过严格的消毒，以防止把细菌从皮毛和内脏带到肉上面去，使肉直接受到了污染。动物的胴体应该采用热水清洗。因此，屠宰场所的卫生，以及搬运和贮存条件，是保证肉类在包装和出售之前最低的起始细菌数的重要前提。

动物屠宰完毕，动物胴体的温度约为 38℃。在这个温度下，各种细菌的繁殖速度很快，必须及时地把动物胴体冷却到 10℃ 以下，以抑制细菌的增殖。接着，进一步降温到 1℃，防止肌肉变质。但是，降温过程不得太快，否则，如在动物胴体僵挺以前速冻，会使牛肉和羊肉的组织变得强韧，失去其柔嫩性，影响食用。降温贮存还可避免肉表面水分蒸发，减少肉的失重以及肉质的损失，这一点均有显著的经济效益。为此，现代的屠宰技术采取快速冷冻与准确控制冷冻温度相结合，既可避免失重和肉质损失，又不至于使肉的组织变得强韧。

生鲜肉在运送到零售商的冷冻箱之前，应该进行冷藏。理想的冷藏条件是：0℃，相对湿度为 85%～90%，悬挂在适宜的空间里，并有良好的空气循环。气流的速度不宜过高，约为 15～30cm/s 即可。

在上述条件下，屠宰后的肉类，最长的贮存期约为：牛肉 21 天以上，小牛肉 21 天以上，山羊肉 15 天以上，猪肉 14 天以上，内脏 7 天以上。

在屠宰场的分切房里和零售商店里，生肉的温度应该保持第一页。有的肉类叫工厂安置空调设备，可以将分切房里的温度降低。尽量在较低温度下去骨、分切和包装，最好在 30min 之内送回冷冻室。当然，分切房里，工人的个人卫生和环境清洁是非常重要的。

生肉在冷藏车中运输，冷藏车内的温度必须尽量保持与冷库温度接近，这样才能保证长途运输中肉类不易变质。生肉周围的空气循环是很重要的，肉与墙、地板和天花板之间必须留有间隙，保证空气流通。如果生肉接触到墙或地板表面，将会从外界导入热量，也会受到地板赃物的污染。

在零售店里，未经裹包的生肉应该贮存在冷冻箱里。瘦肉存放在低温箱，其表面水分散失更慢一些，而且颜色也鲜艳。冷藏温度的波动会加速生肉的变质，最好稳定地保持再 0～3℃。虽然生肉是放在冷藏的展销柜里销售，但由于营业繁忙，展销柜里的温度可能升高到 5℃，夏天天气炎热，温度可能更高些。在这种情况下，生肉的贮存期只能维持 1～2 天。虽然还可以食用，但是生肉的颜色逐渐转变为褐色。所以，售货员应该根据销售数量来安排展销柜里生肉的数量，不宜展销堆积过多。包装的生肉，其贮藏期的长短取决于生肉中感染的起始细菌数量和贮存温度。因此，展销柜应该经常清洗消毒，售货员的个人卫生也是非常重要的影响因素。

综合以上对生鲜肉类的生产、贮藏、流通和销售等特点，可以对生鲜肉类的包装提出一些原则性的要求。

2. 生鲜肉的变色机理及控制

如图 5-8 所示，由于各种因素的影响会使生鲜肉变色。生鲜肉的色泽是影响销售的重要外观因素，这取决于肌肉中的肌红蛋白（Mb）和残留的血红蛋白的状态。影响肉色变化的主要因素有以下三点。

（1）氧气分压　鲜肉表层以氧合肌红蛋白为主，呈鲜红色；中间层以高铁肌红蛋自为主，呈褐红色；下层以还原态肌红蛋自为主，呈紫红色，这是由于氧气在肌肉深层渗透过程中氧气分压逐渐下降造成的。环境中的氧气高时有利于形成较稳定的氧合肌红蛋白，表明生鲜肉高氧气调显著的保鲜效果。

（2）温度　贮藏温度高会促进肌红蛋白氧化，微生物生长加快，脂肪迅速氧化，降低肉色货架保鲜期。

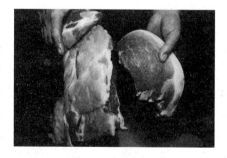

图 5-8　生鲜肉的变色

（3）微生物　微生物是导致鲜肉销售中退色的主要原因。在微生物的对数生长期，需氧菌如假单胞菌等迅速繁殖，消耗大量氧气使肉表面氧气分压下降，促进高铁肌红蛋白大量形成而使肉色变成褐色。因此，从提高生鲜肉的卫生安全性和延长肉色货架保鲜期两方面，都需要严格控制从屠宰到分割加工和包装的微生物污染。

3. 生鲜肉类对包装的要求

肉类从生产到销售过程中，细菌的污染是不可避免的。因此，包装的目的首先应该是排除污染的可能性。此外，包装应该能防止肉蒸发水分，隔绝外界气味的影响，同时具有适当的透氧率。周围环境的相对湿度维持在 85%～90%，生肉就不会干燥脱水，隔绝性能良好的包装材料不应从外界吸收异味。其透氧率的大小应以保持生肉颜色鲜红所需的供氧量，而且以不足以导致生肉的氧化腐变反应为前提。猪肉对氧气更为敏感，因为其中的脂肪含量较高，容易氧化酸败。包装材料应具有足够的抗撕裂强度和耐戳穿强度，以免在搬运和销售过程中破裂，招致微生物污染。同时，包装材料应具有耀眼的光泽和透明度，对消费者富有吸引力。

生鲜肉类的包装经历了不同的演变过程。20 世纪 60 年代前，在国外超级市场销售的生肉是直接放在纸浆模塑的浅盘里，表面蒙盖一层透明的塑料薄膜。这种销售包装容器的最大优点是成本低，而且干燥时的强度较高。但也有其缺点，主要是纸浆模塑容器容易吸湿。当浅盘吸收了肉汁水分以后，强度显然降低、甚至不能承受肉的重量。同时，纸浆浸湿后，纸的纤维黏附在生肉表面上，很不受消费者欢迎。当然，纸浆模塑浅盘的外观比较简陋粗糙，对销售起到不良的影响。20 世纪 60 年代末期，开始出现聚苯乙烯发泡塑料浅盘，用作新鲜肉类的销售包装。为了吸收肉汁水分，浅盘底部衬垫一张吸水纸。这种浅盘是白色的，生肉是鲜红色的，互相衬托，颇为美观，显出新鲜的感觉。

近年来，在采用纸浆模塑浅盘和发泡塑料浅盘的同时，消费者要求直接能透视生肉的真貌，又出现一种透明塑料浅盘。这是由定向聚苯乙烯薄片热成型制成的，成本比上述两种浅盘稍高一些。浅盘表面也蒙盖一层透明塑料薄膜，在生肉底下衬垫一张吸水纸，以吸收肉汁水分。这种包装在美国纽约尤其盛行。欧洲和日本也采用这种包装，除了用来包装生肉外，还用作鱼虾及其他食品的销售包装。

为了更严格地控制生肉表面保持鲜红的颜色，食品化学和食品包装工作者实验研究了新鲜肉类中的肌肉红蛋白转变为氧合肌红球蛋白（鲜红色）所需的供氧量，开拓了种种不同透氧率和透水率的保鲜包装材料，用以包装新鲜肉类。这类包装材料已经过了许多改进和发展变化。

综上所述，新鲜肉类对包装的要求是，包装材料（薄膜）透明度高，便于顾客看清生肉的本色；材料的透氧率较高，足以保持氧合肌红球蛋白的鲜红颜色；透水率（水蒸气透过率）要低，防止生肉表面的水分散失，造成色素浓缩，肉色发暗，而且肌肉发干收缩；薄膜的湿强度要高，柔韧性好，耐油脂，无毒性，同时应具有足够的耐寒性。生肉容易受微生物的感染而变质，分割和包装场所以及工人的卫生十分重要。工具和包装材料应经消毒灭菌。温度对于氧在生肉中的渗透作用影响很大，因此，生肉的分割和包装工序最好在较低室温下进行（0℃左右）。包装时，生肉不要长时间暴露在空气中，时间越短越好。真空包装材料的透氧率和透水率要低，生肉的贮存期得以延长。为了避免生肉冷冻"烧伤"，真空包装薄膜应该贴体，水蒸气透过率要低。

4. 生鲜肉类的包装

如何延长冷却肉的保鲜期，是影响冷却肉发展的关键。据有关资料介绍，我国肉品的品种和质量远远落后于世界先进水平，主要原因之一就是肉类包装技术落后，制约了发展。

　　如果不采取科学的包装保质技术，生鲜肉很快会腐败变质。生鲜肉的包装主要解决肉类在消费流通环节的安全保质问题。针对生鲜肉类的保质要求，国内外采用了冷冻、辐照灭菌、冷藏、真空包装、化学防腐、充气包装等包装与保质相结合的技术。各种塑料薄膜的先后出现，受到了新鲜肉类工业的欢迎，并且逐渐代替玻璃纸包装生肉。以下简单介绍生鲜肉的包装方法。

　　（1）塑料薄膜包装　用于生鲜肉包装的塑料薄膜主要有：低密度聚乙烯薄膜、乙烯-醋酸乙烯共聚物、聚氯乙烯和热收缩膜。在此处简单列举其特点如下：

　　① 密度聚乙烯薄膜。新鲜肉类的包装也曾用低密度聚乙烯薄膜。其厚度约为0.0245mm，足以提供透氧率和水蒸气隔绝性能，但是，水蒸气透过率大会造成包装松弛；若降低厚度，则强度不足，浊度大，透明度不好。因此，低密度聚乙烯薄膜包装生肉并不理想，应用不太广泛。如果采用醋酸乙烯加以改性，水蒸气的透过率、透明度、柔韧性、透氧率、耐寒性、回弹性（弹性恢复）和热封性能等都能得到显著的改善。

　　② 乙烯-醋酸乙烯共聚物。乙烯-醋酸乙烯共聚物（EVA）薄膜正在逐渐代替聚氯乙烯薄膜，用来裹包生鲜肉类。其透明度、耐寒性、热封性均优于聚氯乙烯薄膜，同时，它不含增塑剂，也没有毒性的单体成分。因此，从长远发展来看，EVA将会代替聚氯乙烯。

　　③ 聚氯乙烯。这类包装材料在肉类包装中目前应用最为广泛。主要是因为其成本低，色泽好，透明度高，透氧率适宜，并富有弹性，裹包后薄膜能紧贴着生肉表面，销售外观好。其缺点是耐寒性不足，低温下会发脆，同时其中包含的增塑剂会发生散失和转移，影响生鲜肉类的质量。

　　④ 热收缩薄膜。热收缩薄膜在新鲜肉类的包装领域里属于新型包装薄膜，常用的有聚乙烯、聚丙烯、聚氯乙烯和聚酯等品种。由于生鲜的分切肉类形状不规则，若采用收缩薄膜裹包肉块，非常体贴，干净而又雅致，包装的操作工艺也很简便，同时能够节省薄膜用量。目前，国外的生肉包装用膜中热收缩薄膜的用量呈逐年增大的趋势。

　　（2）玻璃纸包装　如图5-9所示为常见的玻璃纸，玻璃纸的特性我们在任务一中已经给出，再次做进一步说明。玻璃纸包装在生鲜肉类中也有应用。其形式有多种，经常采用的有如下四种。

　　① 未经涂塑（或不防潮）的玻璃纸。由于这种玻璃纸很容易吸收水分，因此只适用于非防潮产品或油性产品的裹包。当它干燥时，不透过干燥的气体，但是能够透过潮湿的气体，透过的程度依气体在水中的溶解度而定。

　　② 中等防潮玻璃纸。它适用于包装防止脱水的产品，用以控制产品的脱水速度。其中有一种类型用于包装熏制肉食。

图5-9　玻璃纸

　　③ 防潮玻璃纸。防潮玻璃纸的水、水蒸气透过率很低，是一种不可热合的玻璃纸，可借黏合剂或适当的溶剂封合。这种玻璃纸常用作冷冻食品包装纸箱的衬里。它不能透过干燥的气体，即使是水溶性的气体，其透过率也非常低。

　　④ 可热合的防潮玻璃纸。这是数量最大的一类玻璃纸。这种玻璃纸的一面涂塑硝化纤维或其他高聚物，使水分不能透过，未涂塑的一面接触鲜肉，直接从鲜肉中吸取了水

分，从而增加了氧的透过率，因而专门用于鲜肉的裹包。

（3）真空包装 真空包装通常会选用透气率很低的塑料薄膜，如尼龙、玻璃纸/聚乙烯聚醋、聚乙烯或尼龙/聚乙烯等复合薄膜。事先将薄膜制成袋子，将生肉装入袋子后，抽出袋中的空气，然后将袋口热封。这种包装方法能有效隔绝氧气和水分，避免微生物的污染，使生肉的贮存期达 3 周以上。但由于抽出了袋中的空气（包括氧气），生肉表面的肌红蛋白难以转变成为鲜红的氧合肌红球蛋白，影响生肉的销售外观。目前，比较理想的真空包装用膜是聚偏二氯乙烯（PVDC），因为它的透氧率和透水率很低，且具有良好的热收缩性能。用它真空包装生肉，可以贮存 21 天以上不会变质。所以，分切零售的生肉不宜采取真空包装，而供应饭店、宾馆和餐厅的生肉，采取真空包装比较合适。

生鲜肉真空包装时因缺氧而呈现肌红蛋白淡紫红色，在销售时常常会误导消费者，会让消费者产生肉不新鲜等错觉。若在零售时打开包装袋让肉能够充分接触空气或进行高氧的 MAP 包装，会使肌红蛋白在短时间内转变为氧合肌红蛋白，从而恢复生鲜肉的鲜红色。

二、熟肉制品的保鲜包装

如图 5-10 所示，熟肉制品是指以鲜、冻畜禽肉为主要原料，经选料、修整、腌制、调味、成型、熟化和包装等工艺制成的肉类加工食品，由于其营养丰富，食用方便，深受消费者青睐。

图 5-10 熟肉制品

熟肉制品因为具有贮运方便、保质期长、使用方便等特点，受到广大消费者的青睐，成为消费的主流。熟肉制品保存期的长短主要取决于肉制品中的水分含量和加工方法，以及杀菌后的操作和包装技术。

1. 熟肉制品保存期的影响因素

（1）微生物 肉制品营养丰富，水分含量高，即使在杀菌后，肉制品当中仍然残留着细菌和芽孢，残留菌在适当的温度下就会开始增殖，使制品发生腐败变质。但在肉制品长霉和腐败的初期，微生物发生的增殖一般是不能察觉到的，而微生物增殖是导致食品腐败变质的前提，因此要延长食品的保质期就得严格控制杀菌条件。

（2）压力因素 肉制品中存在着游离水，这些游离水未完全与肉蛋白以及所添加的辅助原料结合，在环境因素影响下，这部分水很容易被微生物或生化反应等利用而导致食品腐败变质。对于被包装的制品，由于制品外裹包了薄膜，薄膜有收缩力，特别是在真空减压和脱氧条件下包装时，制品被加压，保存过程中制品内部的水更会向表面移动，薄膜和制品间就会出现积水，这些积水在制品新鲜时就已经存在，因此，并不是食品腐败变质的表现。

（3）包装材料与包装工艺 熟肉制品的保质期还受包装材料和包装工艺的影响，即使在包装后，虽然外部引起的污染被切断，但是制品内部污染仍然能继续的情况也是有的，氧会慢慢透过薄膜进入包装内部使袋内氧的分压增高，残留菌和污染菌就会生长繁殖，因此所选包装材料要对光、氧、水具有阻隔作用，在工艺方面也要求能够对污染及其他因素起到有效控制作用。

（4）卫生条件 对于有些肉制品而言，是在包装后进行杀菌的，而有些肉制品是先杀菌而后包装的，因此，在杀菌后到包装这段时间（少则需要几个小时，多则需要一昼夜），由于与操作者的手和机器等相互接触，经地面的污染，室内浮游微生物等引起的二次污染危险性极大，所以，生产车间及操作人员卫生情况需要严格控制。

（5）其他因素 其他因素包括温度、光等。对于温度影响来说，在一定的温度范围内每升高 10℃，其腐败速率就将加快 4～6 倍，并且温度的升高还会使肉制品中的蛋白质变性，破坏食品中所含有的维生素。对于光的影响，光会促使食品中的油脂发生氧化反应，进一步会导致氧化性酸败，使肉制品中的色素发生化学变化而变色，引起维生素 B 和维生素 C 的破坏、蛋白质和氨基酸的变形。

2. 熟肉制品的包装

如图 5-11 所示为市场上我们经常见到的熟肉制品的包装。在我国，熟肉制品可分为中式熟肉制品和西式熟肉制品两大类。中式熟肉制品主要产品分为传统的酱卤类、烧烤类、干制品等品种，工业化生产和包装技术落后；西式肉制品主要产品有方火腿、圆火腿为主的西式火腿类产品，以及红肠、小红肠为主的灌肠类产品和培根、色拉等，工业化程度较高。由于各类产品的加工条件和保质要求不同，这些熟肉制品的包装形式和技术各不相同。目前，根据熟肉制品包装方法的不同，可分为罐装和软包装。

图 5-11 熟肉制品的包装

（1）肉制品的罐装 熟肉制品的罐藏是指将准备好的肉原料与其他辅料调制好后，装入空罐，再脱气密封，然后加热杀菌的肉制品保藏法。经过这样的处理后，即使在常温条件下，也可以长期保存，所以罐头类肉制品一直在各种熟肉制品中占有很大的比例。

如图 5-12 所示，熟肉制品能够在容器中保存较长的时间，并保持一定的色、香、味和原有的营养价值，同时又适应工业化生产，所以罐装容器必须满足以下要求：对人体无

图 5-12　熟肉制品罐装

害；具有良好的密封性和良好的耐腐蚀性；适用于工业化生产；具有一定的机械强度，不易变形；体积小，质量轻，便于运输和携带。罐装种类主要有以下几种。

① 镀锡铁罐。镀锡铁罐的基料是镀锡薄钢板，是在薄钢板上镀锡制成的一种薄板，其表面上的锡层不仅能起到保护钢板免受腐蚀的作用，而且还能持久地保持金属光泽。镀锡板的主体用钢板制成，所以很坚固，在罐头搬动、堆积和运输过程中不易破损，有利于保证罐装制品的外观和质量。由于锡在常温下化学性质比较稳定，所以对消费者不会产生毒害作用。

② 涂料罐。涂料由油料、树脂、增塑剂、颜料、稀释剂和其他辅助材料构成。由于食品直接与涂料罐相接触，所以对罐头涂料的要求比较高。首先，要求食品直接与涂料接触后对人体无毒害、无臭、无味；其次要求涂料膜具有良好的抗腐蚀性，其组织必须致密，基本上无空隙点；再有，要求涂料膜有一定的机械加工性能，能良好地附着在镀锡板表面；另外，要求涂料能均匀涂布、干燥迅速和使用方便。

③ 镀铬铁罐。镀铬薄板又称无锡钢板，可用来代替一部分镀锡薄板，主要是可以节约大量的锡，其产量较大。

④ 铝罐。纯铝或铝锰、铝镁按一定比例配合，经过铸造、压延，退火可制成铅和铝合金薄板，这种材料具有金属光泽，质量轻，并且能够耐一定的腐蚀性。用铝罐盛装肉类、水产类制品，具有较好的抗腐蚀性能，不会发生黑色硫化铁污染。

（2）熟肉制品的软包装　熟肉制品的软包装是用复合塑料薄膜袋代替金属罐，如图5-13 所示，具有包装不透气，并能较好保持内容物的质量，使内容物几乎不可能发生化学反应，耐受高温杀菌，贮藏期长的特点。此外，软包装还具有一定的隔氧性、防湿性、耐低温性、热收缩性、热封性能好，成型加工方便，耐油脂、印刷性能好等特性。熟肉制品常用的软包装方法有如下 3 类。

① 巴氏灭菌包装。巴氏灭菌我们在前面提到过，是一种低温灭菌法，低温肉制品由于最大限度保持了产品的营养和风味，越来越受到市场的青睐，而其中的关键技术是低温肉制品的保质问题。

图 5-13　熟肉制品的软包装

保质关键技术之一是巴氏灭菌包装，这类肉制品包装可适用于大部分的中西式肉制品，即在产品包装后再经加热，巴氏灭菌后迅速冷却，以消除在包装过程中的微生物污染。其包装材料大多是透明的高阻隔性复合薄膜和片材，经巴氏加热灭菌处理的复合热收缩材料也将广泛应用。

② 无菌包装和半无菌包装。西式肉制品最先开发应用无菌包装和半无菌包装技术，采用无菌的软包装材料，在无菌的环境下，经灭菌处理后的肉制品能够最大限度地保持食品的原有风味，产品在低温的条件下流通。西式的圆火腿、方火腿以及切片式肉制品，由

于无菌处理较困难，所以大多采用半无菌化包装技术，包装材料有 EVOHE、PV DC、PE 和 PA 等材料复合共挤而成的高阻隔性多层无菌薄膜或片材等，复合热收缩薄膜也较多应用在无菌包装方面。中式肉制品的无菌包装、半无菌包装技术尚待进一步开发和研究。

③ 肠衣类包装。灌肠类制品是用肠衣作包装材料来充填包装定型的一类熟肉制品。灌肠类制品的商品形态、卫生质量、保藏流通和商品价值等都直接和肠衣的类型及质量有关。每一种肠衣都有它特有的性能，在选用时应根据产品的要求考虑其可食安全性、透过收缩性、密封开口性、耐油耐水性、耐热耐寒耐老化性以及强度等性能。

肠衣主要分为天然肠衣和人造肠衣两大类。

天然肠衣由猪、牛、羊的肠以及膀胱除去黏膜后腌制或干制而成，具有良好的韧性、弹性、坚实性以及可食安全性等，是一种性能很好的天然包装材料。主要用于四川、重庆、湖南一带，过年时，常用此灌腊肠，如图 5-14 所示。

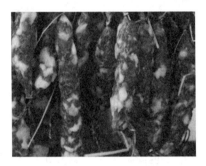

图 5-14　腊肠

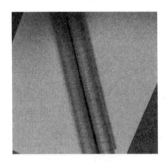

图 5-15　人造胶原蛋白肠衣

肠衣一般以口径为标准，种类繁多且规格不一，但同一批次产品的肠衣大小、粗细规格应该保持一致。灌肠制品经烘烤、煮制、烟熏处理后其长度一般会缩短 10％～20％，灌制时每根肠衣的长度应适当放长。用猪、牛、羊小肠灌制的制品大多呈弯形，一般整根制成并扭转分段，为保证外观整齐，应把多余的结扎肠衣剪断。

人造肠衣外形美观，使用方便，可适应各种内装产品的特性要求。用作肉制品包装的人造肠衣薄膜应具有如下特性：气体阻隔性、光线阻隔性良好，耐热、防潮、耐寒、耐腐蚀、耐蒸煮，无臭、无毒、无味、无污染、卫生性能好，强度高，密封性、机械适应性能优良。如图 5-15 是一种进口人造胶原蛋白肠衣，可食用。人造肠衣根据其原料的不同可分为四类：胶原肠衣、玻璃纸肠衣、纤维素肠衣和塑料肠衣。

任务三　水果保鲜　🔍

目前，随着科学技术的进步和经济的发展，人们对食物要求越来越高，人们的饮食已从温饱型向营养型转变，对食品的需求不但追求数量，而且更加关心质量，经济、实惠、方便的食品将成为消费者选择的对象。

如图 5-16 所示，新鲜的水果是我们日常生活中的必需品，其含水量高，且具有我们

图 5-16   新鲜水果

所必需的维生素、矿物质和膳食纤维。但水果组织柔嫩，含水量高，容易腐烂变质，不耐储存，采后极易失鲜，从而导致品质下降，失去其商业价值。因此，为克服季节性生产和均衡供应的矛盾，贮藏保鲜很有必要。过去的研究多集中在冷藏和气调等方面，近 20 年来随着研究的不断深入，包装所具有的良好保鲜作用已引起人们的重视，无论是保鲜包装还是保鲜包装技术与方法，都取得了很大的进展，并已成功应用于生产实践。

一、引起水果腐败的因素及包装要求

1. 引起水果腐败的因素

引起水果腐败的因素主要分为两个方面：水果自身的生理特性活动和水果所处的环境因素。

（1）水果的自身生理特性活动   呼吸作用是水果自身的重要生理活动。在其复杂生命活动中，对水果保鲜贮藏影响最大的是呼吸作用，即通过有氧呼吸和无氧呼吸不断消耗自身的营养，将水果中的护膝基质淀粉在酶的作用下逐步分解为糖、丙酮酸、水和 CO_2，并且释放出一定的热量。这个过程的实质就是使水果的形态、色泽、风味及营养价值不断发生质变，最后萎蔫、腐烂变质，从而失去其应有的食用价值。

（2）水果所处的环境因素

① 温度。温度过高或者过低会影响水果的正常生命活动，甚至会阻碍正常的后熟过程，从而造成生理损伤和死亡，失去其食用价值。

② 气体成分。水果所处环境的气体成分也在无时无刻的影响着水果的品质。O_2：当水果所处环境中氧气浓度小于 2％时，会因缺氧呼吸造成伤害。CO_2：当 CO_2 浓度过高时，呼吸会受到抑制，不断地进行无氧呼吸，以至在果实内积累的乙醇、乙醛过多，从而毒害果实，造成生理损伤，严重情况下会导致果实的"死亡"。C_2H_4：乙烯的存在会增加呼吸作用的强度，过量的乙烯会催化水果的早熟衰败。

③ 机械损伤。挤压、碰撞、刺扎等损伤后的水果易受到病原微生物侵染发生腐烂，而且会使果实的呼吸强度增加。

④ 湿度。湿度过低可造成营养物质损耗，而湿度过高则易受微生物侵袭，发生腐烂。

⑤ 冷害、光照等其他相关因素

2. 水果保鲜的包装要求

为保证水果的良好品质与新鲜度，在保鲜包装时要求能充分利用各种包装材料所具有的阻气、阻湿、隔热、保冷、防震、缓冲、抗菌、抑菌、吸收乙烯等特性，设计适当的容器结构，采用相应的包装方法对水果进行内外包装，在包装内创造一个良好的微环境条件，把水果呼吸作用降低至能维持其生命活动所需的最低限度，并尽量降低蒸发、防止微生物侵染与危害。同时，也应避免水果受到机械损伤。不同种类的水果对包装的要求不尽相同。

（1）硬质水果　如图 5-17 所示，苹果、香蕉、李子和柑橘等硬性水果，内质较硬，呼吸作用和蒸发与软质水果相比较缓慢，不易腐败，可较长时间保鲜。

图 5-17　硬质水果

这类水果的保鲜要求是创造最适温湿度和环境气氛条件，可采用 PE 等薄膜包装或用浅盘盛放、用拉伸或收缩裹包等方式包装。

（2）软性水果　如图 5-18 所示，草莓、葡萄、水蜜桃等软性水果，含水量大，果肉组织极软，是最不易保鲜的一类。这类水果要求包装应具有防压、防振、防冲击性能，包装材料应具有适当的水蒸气、氧气透过率，要有效避免包装内部产生水雾、结露和缺氧性败坏。可采用半刚性容器覆盖以玻璃纸、醋酸纤维素或聚苯乙烯等薄膜包装。

图 5-18　软性水果

总体来说，水果的包装材料必须符合以下要求：

① 透湿性：不能过高，依品种而异。

② 选择透过性：使过高的 CO_2、C_2H_4 透出，需要的 O_2 透入，要求对 CO_2 的渗透能力大于对 O_2 的渗透能力。

③ 有一定的强度，耐低温，且热封性好。

④ 包装材料的选择还要受到水果产品本身成本的限制，要考虑产品价值、包装材料成本以及对保护产品质量的作用，销售价格等综合因素。

二、新鲜水果的保鲜包装

与其他食品不同，蔬菜水果在采摘后并没有死亡，依然保持生命。传统的果蔬包装，无论是瓦楞纸箱还是网眼袋、编织袋和保鲜膜等，都不能达到保鲜的作用。目前已经开发出了多种功能型的保鲜膜、新型瓦楞纸箱和功能型保鲜剂等，部分技术和材料已经获得应用。由于这些保鲜材料和技术往往功能单一，因此，为了达到最佳的保鲜效果，有时候需要多种保鲜技术和材料同时使用。水果的保鲜就是根据水果自身的生理特性，选择合适的包装容器、包装材料和最佳的贮藏条件，从而达到水果保鲜的目的。

1. 新鲜水果的包装材料

用于水果保鲜包装的材料种类很多，薄膜、塑料片材、蓄冷材料和瓦楞纸箱等，目前应用的功能性包装材料主要有塑料保鲜剂等几大类。

（1）薄膜包装材料　常用的薄膜保鲜材料主要有：PE，PVC，PP，PS，PVDC 和 PET/PE 等薄膜，以及 PVC，PP，PS、辐射交联 PE 等的热收缩膜和拉伸膜，在任务一中我们已经列举这些材料的特性，这些薄膜常制成袋、套、管状，可根据不同需要进行选用。近年来开发了许多功能性保鲜膜，除了能改善透气透湿性外，涂布脂肪酸或掺入界面活性剂使薄膜具有防雾、防结露作用等，具有较好的保鲜包装效果。

（2）保鲜包装用片材　保鲜包装用片材种类众多，大多数以高吸水性的树脂为基材，例如吸水能力数百倍于自重的高吸水性片材，在这种片材中混入活性炭后除具有吸湿、放湿功能外，还具有吸收乙烯、乙醇等有害气体的能力；在混入抗菌剂后可制成抗菌性片材，可作为瓦楞纸箱和薄膜小袋中的调湿材料、凝结水吸收材料，改善吸水性片材在吸湿后容易构成微生物繁殖场所的缺点。目前已开发出的许多功能性片材应用于桃、草莓、葡萄和樱桃等的保鲜包装。

（3）瓦楞纸箱　普通瓦楞纸箱是由全纤维制成的瓦楞纸板构成，近年来功能性瓦楞纸箱也开始应用，如在纸板表面包裹发泡聚乙烯等薄膜的瓦楞纸箱，在纸板中加入聚苯乙烯等隔热材料的瓦楞纸箱，还有聚乙烯、远红外线放射体及箱纸构成的瓦楞纸箱等。

（4）蓄冷材料和隔热容器　蓄冷材料和隔热容器并用可起到简易的保冷效果，保证水果在流通中处于低温状态，因而可显著提高保鲜效果。蓄冷材料在使用时要根据整个包装所需的制冷量来计算所需的蓄冷剂量，并将它们均匀地排放于整个容器中，以保证能均匀保冷。发泡聚苯乙烯箱是常用的隔热容器，其隔热性能优良并且具有耐水性，在苹果等水果中已有应用。

（5）保鲜剂　果蔬保鲜剂按其作用和使用方法可分为如下八类：

① 乙烯脱除剂。通过抑制乙烯发生，防止后熟老化。包括物理吸附剂、氧化分解剂等。

② 防腐保鲜剂。利用化学或天然抗菌剂防止霉菌防腐。

③ 涂布保鲜剂。通过隔离抑制呼吸，减少水分散发，防止微生物入侵，如石蜡、虫胶等。

④ 气体发生剂。可催熟、着色、脱涩、防腐，如二氧化硫发生剂、卤族气体发生剂、乙烯发生剂等。

⑤ 气体调节剂。能产生惰性气体，抑制呼吸，如二氧化碳发生剂、脱氧剂等。

⑥ 生理活性调节剂。通过调节果蔬的生理活性，降低代谢。

⑦ 湿度调节剂：如脱水剂等。

⑧ 其他类保鲜剂：如明矾等。

2. 新鲜水果的保鲜包装方法

水果在采摘后，自身时刻在进行着复杂的生理变化，如在呼吸过程中，水果吸进氧气呼出二氧化碳，并能产生乙烯气体，使水分降低。因此，新鲜水果的保鲜包装是利用包装材料的气调性以及其他特殊性能对水果进行裹包，为水果创造出一个最低限度呼吸的微环境，尽可能保持其色、香、味，起到对水果的保鲜作用。目前市场普遍采用的有以下几种方法。

（1）塑料袋包装　在包装新鲜水果时，我们应选取具有适当透气及透湿性的薄膜，可以起到气调效果，并且与真空充气包装结合进行，可以提高包装的保鲜效果。这种包装方法要求薄膜材料具有良好的透明度，对水蒸气、氧气、CO_2 透过性适当，并具有良好的机械性能，安全无毒副作用。

（2）浅盘包装　将果蔬放入纸浆模塑盘、瓦楞纸板盘、塑料热成型浅盘等，再采用热收缩包装或拉伸包装来固定产品。这种包装具有可视性和观赏性，有利于产品的展示销售，可以促进其销售。芒果、苹果、圣女果、香蕉销售时都适宜采用此种包装。

（3）穿孔膜包装　密封包装果蔬时，某些果蔬包装内易出现厌氧腐败、过湿状态和微生物侵染，因此，需用穿孔膜包装以避免袋内 CO_2 的过度积累和过湿现象。在实施穿孔膜包装时，穿孔程度应通过试验确定，一般以包装内不出现过湿所允许的最少开孔量为准。此种方法适用于呼吸作用强、水分蒸发速度快的软质水果的包装，如草莓、水蜜桃、李子等。

（4）简易薄膜包装　目前市场上常用 PE 薄膜对单个水果进行裹包拧紧，该方法只能起到有限的密封作用。

（5）硅窗气调包装　硅橡胶膜目前已在苹果、称猴桃、香蕉、芒果的贮藏中取得良好的效果。它是用聚甲基硅氧烷为基料涂覆于织物上而制成的硅酸膜，对各种气体具有不同的透过性，可自动排除包装内的 CO_2 和乙烯及其他有害气体，同时透入适量氧气，抑制和调节果蔬呼吸强度，防止发生生理病害，保持果蔬的新鲜度。一般根据不同果蔬的生理特性和包装数量选择适当面积的硅胶膜，在薄膜袋上开设气窗粘结起来，因此称之为硅窗气调包装。

三、典型水果包装实例

1. 苹果

如图 5-19 所示，苹果是果蔬中贮量最大的种类，且果肉质地较硬，呼吸作用弱，水分蒸发速度慢，容易长期保存。但由于苹果属于呼吸跃变型水果，在保鲜包装时应尽量减少苹果的呼吸，使其处于"休眠"状态。

图 5-19　苹果

一般的保鲜方法是控制好贮存环境中 CO_2 和 O_2 的浓度，使之既要维持其生命的延续，又要控制和减弱其呼吸。一般采用塑料薄膜袋包装、功能性塑料薄膜袋包装、硅窗气调包装、保鲜纸裹包、简易气调包装和涂膜保鲜等。采用功能性塑料薄膜袋包装的苹果，在 $0\sim10℃$ 条件下可保存半年左右。

图 5-20　樱桃

2. 樱桃

樱桃的品种很多，在我国有悠久的历史，如图 5-20 所示，樱桃的果实晶莹艳丽，营养丰富，是一种经济价值高、生食与加工兼用的优良果品之一。果实成熟于 $4\sim5$ 月，此时正值夏季来临，气温升高快，成熟期短，采收期较为集中，采收后极易过熟、褐变和腐烂，常温下很快失去商品价值，为了延长樱桃的供应期，实现樱桃生产、销售、消费市场的良性循环，樱桃的贮藏保鲜技术就显得尤为重要。樱桃贮藏方法可列举如下：

（1）冷藏　樱桃冷藏适宜温度为 $-1\sim1℃$，相对湿度为 $90\%\sim95\%$，在此条件下，贮藏期可以达到一个月之久。樱桃在入贮前应先预冷，进行采后处理包装，最后入库贮藏。

（2）气调贮藏　樱桃可以耐较高浓度的二氧化碳。若采用气调贮藏，做法是在小包装盒内衬 $0.06\sim0.08mm$ 的聚乙烯薄膜袋，扎口后，在温度 $0℃$，CO_2 浓度为 $20\%\sim25\%$，O_2 浓度为 $3\%\sim5\%$，相对湿度 $90\%\sim95\%$ 的条件下气调贮藏。此时樱桃可贮藏一到两个月。但是需注意的是，CO_2 的浓度不能超过 30%，否则会引起果实褐变并且产生异味。

（3）减压贮藏　减压贮藏可使果实色泽保持鲜艳，与常压贮藏相比果实腐烂率低，贮藏期长，果实的风味、硬度及营养损失均很小。

3. 草莓

草莓在我国南北方都可栽培，是一种非呼吸跃变型果实，草莓果实娇嫩、多汁，且营养价值高，色泽鲜丽，是一种经济价值较高的水果。草莓一般不需要长期贮藏，主要是应季上市，一般采后 $3\sim5$ 天内就应售销完毕。但由于草莓极不耐贮藏，常温下放置 $1\sim2$ 天就变色、失水、腐烂，因此短期保鲜仍是十分必要的。由于它是一种浆果，皮薄，外皮无保护作用，采后常因贮运中的机械损伤和病原微生物侵染而腐烂。采收的果实感染病菌后，即使在 $5℃$ 条件下，7 天内就可见到腐烂的病斑，生成大量菌丝，透入健康组织，造成果实腐烂。

因此，为了使果实采收后在贮存和运输中保持其新鲜度和品质，仍需采取适宜的保鲜方法。

（1）采前处理　浆果成熟前 15 天喷 1 次 500 倍 50\% 的多菌灵，可减少果实采后腐烂，应在果实表面 75\% 变红时采收。

（2）采后处理　用于贮藏和运输的草莓，采收后需轻轻放入特制的浅果盘中，也可放入带孔的小箱内。草莓应及时预冷，降温方式最好采取快速预冷，目前采用真空预冷效果最好，不适合用水冷却。

（3）气调贮藏　草莓是一种耐高 CO_2 的果实，用气调方法贮藏和运输可以有效延长草莓的寿命，最佳气调贮藏的条件是：O_2 为 3%，CO_2 为 $3\%\sim6\%$，O_2 再低或者 CO_2 超过 40% 时，会造成果实异味，但却不令人讨厌，而且放在空气中异味可消失，气调贮藏期一般为 $2\sim3$ 周。

（4）低温贮藏　草莓最佳的贮藏条件是：温度 $0\sim1℃$，相对湿度为 $85\%\sim95\%$。

（5）运输过程　草莓在远途运输的情况下要采用小纸箱包装，最好内垫塑料薄膜袋充入 10% 的 CO_2，用 $0.1\%\sim0.5\%$ 的植酸、0.05% 的山梨酸以及 0.1% 的过氧乙酸的混合液处理草莓果实后，在常温下能保鲜 1 周。

参 考 文 献

[1] 高晗，张露，赵伟民. 食品包装技术 [M]. 北京：中国科学技术出版社，2012

[2] 苏新国，陈黎斌，食品包装技术 [M]. 北京：中国轻工业出版社，2013

[3] 章建浩. 食品包装技术（第二版）[M]. 北京：中国轻工业出版社，2009

[4] 章建浩. 食品包装技术 [M]. 北京：中国轻工业出版社，2001

[5] 刘士伟，王林山. 食品包装技术 [M]. 北京：化学工业出版社，2008

[6] 刘晓霞. 包装机械 [M]. 北京：化学工业出版社，2007

[7] Richard Coles. 食品包装技术 [M]. 北京：中国轻工业出版社，2012

[8] 王志伟. 食品包装技术 [M]. 北京：化学工业出版社，2008

[9] 道格拉斯·里卡尔迪. 食品包装设计 [M]. 辽宁：辽宁科学出版社，2015

[10] 翁云宣，靳玉娟. 食品包装用塑料制品 [M]. 北京：化学工业出版社，2014

[11] 任发政，郑宝东，张钦发. 食品包装学 [M]. 北京：中国农业大学出版社，2009

[12] 高德. 实用食品包装技术 [M]. 北京：化学工业出版社，2003

[13] 章建浩. 食品包装大全 [M]. 北京：中国轻工业出版社，2000

[14] 曹国荣. 包装标准化基础 [M]. 北京：中国轻工业出版社，2006